基于RDF的时空数据模型及查询方法

朱　琳　柏禄一　著

东北大学出版社
·沈　阳·

图书在版编目（CIP）数据

基于RDF的时空数据模型及查询方法 / 朱琳，柏禄一著. — 沈阳 ：东北大学出版社，2024. 8
ISBN 978-7-5517-3383-0

Ⅰ. ①基…　Ⅱ. ①朱…　②柏…　Ⅲ. ①空间信息系统－数据模型　Ⅳ. ①P208. 2

中国国家版本馆CIP数据核字(2024)第002462号

出 版 者：东北大学出版社
地址：沈阳市和平区文化路三号巷11号
邮编：110819
电话：024-83683655（总编室）
024-83687331（营销部）
网址：http://press.neu.edu.cn
印 刷 者：沈阳市第二市政建设工程公司印刷厂
发 行 者：东北大学出版社
幅面尺寸：170 mm×240 mm
印　　张：11. 25
字　　数：202千字
出版时间：2024年8月第1版
印刷时间：2024年8月第1次印刷
责任编辑：高艳君
责任校对：孙德海
封面设计：潘正一
责任出版：初　茗

ISBN 978-7-5517-3383-0　　定　价：68. 00元

前 言

时空应用中存在大量与时空特征相关的数据，这些数据称为时空数据，它们的特点是随着时间和空间的变化而变化。时空数据通常具有复杂的数据类型和多样的表现形式，不仅动态更新变化快，而且具有丰富的时空语义。时空数据库的作用是管理时空数据，其关键在于对时空数据进行建模和查询。因此，构建适用于时空数据动态变化和保持语义信息需求的时空数据模型及其之上的查询机制，正成为当前时空数据管理领域备受关注的研究热点。随着 Web2.0 技术的广泛使用，大规模资源描述框架（resource description framework，RDF）数据出现。RDF 是一种由 W3C 提出的语义架构，被认为是 Web 数据资源表示和交换的标准模型，具有应用灵活、拓展性好以及包容性强等特点。因此，基于 RDF 研究时空数据模型与查询方法，势必会突破传统数据库中时空数据规模、动态更新变化快以及时空语义丰富等方面的瓶颈，从而给时空数据的高效管理带来契机。现有关于 RDF 数据管理的研究主要集中在 RDF 数据管理、时态 RDF 数据管理以及空间 RDF 数据管理，现有的研究成果还难以满足时空 RDF 数据管理的需求。

时空数据的管理能力主要受时空数据模型影响，时空数据模型构建的基础是时空数据概念模型。在语义 Web 中，网络本体语言（web ontology language，OWL）具有很强的语义表示能力和描述能力，是研究时空数据概念模型的重要手段之一。为此，在时空数据概念模型方面，从基于 OWL 的时空数据形式化表示入手，对时空 OWL 公理类进行研究。在此基础上，提出了时空 OWL 逻辑类。时空数据概念模型的提出为研究时空数据模型提供了理论基础。

在时空数据模型方面，首先提出了一种基于 RDF 的时空数据模型。其次定义了时空 RDF 数据图的 4 种结构，包括线性结构、树状结构、星形结构和循环结构。在此基础上，研究了 stRDFS 中的主要类，并对它们进行了描述。再次，提出了五种类型的 stRDFS 图代数，包括并操作、交操作、差操作、笛卡儿积操作和筛选操作。之后，通过实例验证了所提模型的正确性。最后，研究了时空 RDF 数据的拓扑关系，并利用 Gephi 验证了所提时空 RDF 数据模型拓扑关系确定方法的实用性。

在时空数据查询方法方面，研究了时空 RDF 数据中时间区间的匹配方法以及时空 RDF 数据中空间区间的匹配方法。之后，定义了查询候选域，并提出了匹配顺序的计算方法。在此基础上，定义了时空 RDF 数据中的子图同构，并基于子图同构提出了时空 RDF 数据的查询方法。最后，在 YAGO 数据集上通过实验测试与分析说明了所提查询方法的高效性和有效性。

本书旨在基于 RDF 形成有关时空数据从建模到查询的完整框架，并突破其中的关键技术，将为时空 RDF 数据模型及查询提供理论和技术上的解决方案，从而促进时空数据模型及查询研究的进一步发展。

本书的主体内容直接来源于笔者近年来在相关领域取得的一系列研究成果，是数据库领域和知识工程领域的学术专著。目的是通过系统地介绍当前时空 RDF 数据模型及查询方面的成果，一方面为数据库和知识工程研究人员提供国际前沿信息，另一方面为信息领域从事时空应用的专业人员提供技术帮助。

本书既可作为高等学校计算机科学与技术、智能科学与技术、信息系统等专业的研究生和高年级本科生的教材，也可作为计算机及相关专业科技工作者的参考书。

本书得到了国家自然科学基金（61402087）、河北省自然科学基金（F2022501015），以及中央高校基本科研业务费专项资金（2023GFYD003）的资助。

本书得到了著者所在教师研究团队的大力支持，同时得到了著者所在学生研究团队的通力协作。

本书的出版得到了东北大学出版社的大力支持和帮助，在此表示诚挚的感谢！

由于著者水平有限，本书中难免存在不妥之处，敬请同行和读者批评指正，谢谢！

朱琳　柏禄一

2024 年 7 月

目　录

变量注释表

变量	注释
c	概念化对象
d	定义域
w	与定义域相关的事物状态的集合
r	定义域与集合间的关系
U	URI 集
B	空节点集
I	时态函数描述集
S	空间函数描述集
D	时空属性定义域
W	具有时空属性的与定义域相关的事物状态的集合
R	具有时空属性的定义域与集合间的关系
f_{x-y}	从 x 到 y 的映射
N	节点集
E	边集
F	边标记函数
T, t	时态属性
S, s	空间属性
k	参考时间
J	经度
W	纬度
H	平均海拔高度
O	区域名称
Z	时区
$Range(x)$	x 的值域
$\min\{a, b\}$	a 和 b 的最小值
$\max\{a, b\}$	a 和 b 的最大值
$\text{average}\{a, b\}$	a 和 b 的平均值

λ	顶点或边的标签集
$pre(v)$	v'是 v 的前趋
$suc(v')$	v 是 v'的后继
$\mathrm{Num}(v' \mid pre(v))$	$pre(v)$的数目
$\mathrm{Num}(v \mid suc(v'))$	$suc(v')$的数目
stG	时空 RDF 数据图
stQ	时空 RDF 查询图
$\Pi_{N/k}(x)$	x 在 N/k 上的投影
$\tau()$	时间区间函数
$\rho()$	空间区间函数
$D(u)$	节点 u 在时空 RDF 数据图 stG 中的查询候选域
deg-in(u)	节点 u 的入度
deg-out(u)	节点 u 的出度

1　绪　论

1.1　研究背景

近年来，随着信息数据的爆炸性增长以及众多信息数据中同时具有时间特征和空间特征，时空数据表现形式和存储方式越来越多样化，这些时空数据通常具有不同且复杂的数据类型。作为现代数据库的重要分支，时空数据库的管理问题近年来受到了学术界和工业界越来越高的重视[1-6]。在地籍、海洋、交通、气象等时空应用领域，难以预测和控制的事件频频爆发，给人类社会带来了深重的灾难和巨大的经济损失，并且造成了重大而深远的影响。如图 1.1 所示，1912 年英国“泰坦尼克号事件”是和平时期伤亡最为惨重的海难之一，事故夺走了 1500 多人的生命。1987 年发生在我国黑龙江省大兴安岭地区的特大火灾，过火面积达 133 万公顷，近 85 万立方米的树木被焚毁，严重破坏了当地的生态环境和经济发展。2001 年，“9・11”恐怖袭击事件造成 2996 人遇难，美国地标性建筑世贸中心因飞机撞击而坍塌，造成经济损失约 2000 亿美元，对全世界政治、经济等方面的影响延续至今。2008 年，“5・12”汶川地震导致 69227 人遇难，受灾人口 4625.6 万，直接经济损失高达 8451.4 亿元，是新中国成立以来破坏性最强、波及范围最广的一次地震。2015 年，北京排名中国“堵城”之首，驾车出行要多花费 1 倍的时间才能到达目的地，拥堵时间成本全国最高，交通堵塞已成为北京的新标签。2016 年，超强台风“莫兰蒂”登陆我国福建省厦门市，中心附近最大风力 14 级，造成约 65 万株树木倒伏，农作物受灾面积 10.5 万亩①，直接经济损失达 102 亿元。

① 1 亩=0.0667 公顷。

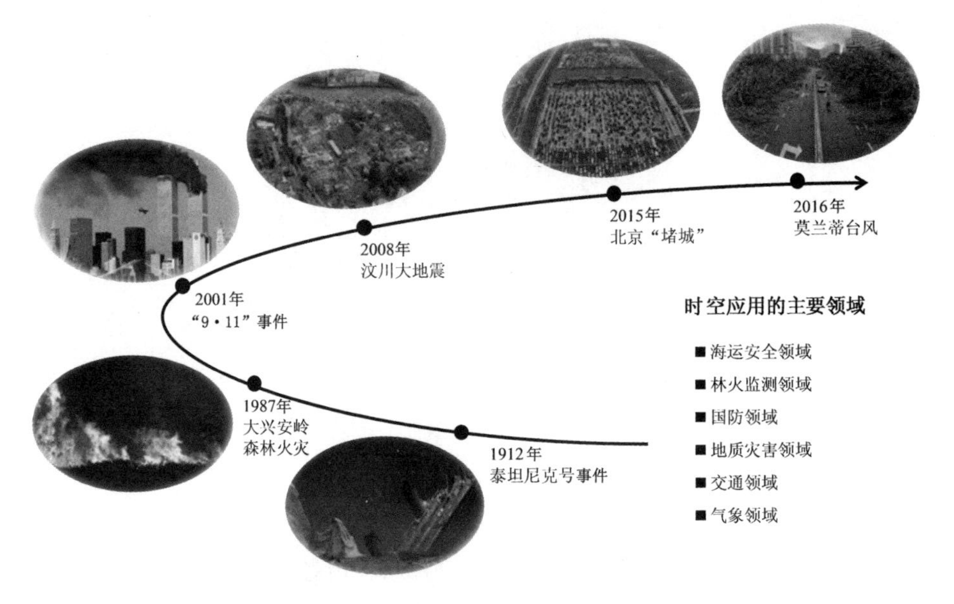

图 1.1 时空应用领域中的事件

如何实现大规模时空数据的有效管理成为时空数据库亟待解决的重要问题，并由此产生了与时空数据管理密切相关的研究内容，包括时空数据模型及查询等。然而，时空数据管理的关键技术(时空数据模型及查询)在传统数据库中常常面临难以满足应用需求的挑战(例如，数据规模呈指数级增长、动态更新变化快、时空语义丰富等)，这些问题限制了使用传统数据库高效管理时空数据的能力。

资源描述框架(resource description framework，RDF)是一种由万维网联盟(World Wide Web Consortium，W3C)提出的语义架构，被认为是 Web 数据资源表示和交换的标准模型，具有应用灵活、拓展性好以及包容性强等特点，目前已有众多研究者对 RDF 数据管理的相关问题进行了研究[7-14]。因此，基于 RDF 研究时空数据模型及查询方法，势必会突破传统数据库中时空数据规模、动态更新变化快以及时空语义丰富等方面的瓶颈，这些都给时空数据的高效管理带来了契机。

现今，基于 RDF 研究时空数据模型及查询问题面临新的挑战：① 时空 RDF 数据概念模型和数据模型构建。由于时空数据的时间属性和空间属性受变化操作的影响可能会不断发生变化，因此，基于 RDF 研究时空数据模型时，不仅要考虑时空 RDF 数据在概念层的表示问题，还要考虑时空 RDF 数据在数据层的表示问题。② 时空 RDF 数据的查询问题。现有关于 RDF 数据模型及查询的研究主要集中在 RDF 数据、时态 RDF 数据以及空间 RDF 数据中，这些研究没有形成有关时空数据从建模到查询的完整框架。

综上可见，基于 RDF 研究时空数据模型及查询方法具有迫切性和必要性，它也是一个具有重要科学意义的研究热点。

1.2 国内外研究现状

下面从三个方面介绍并分析与本书研究内容密切相关的国内外研究现状：第一，介绍并分析时空数据概念模型的相关国内外研究，包括网络本体语言（web ontology language，OWL）模型、时态 OWL 模型、空间 OWL 模型、时空 OWL 模型；第二，介绍并分析时空 RDF 数据模型的相关国内外研究，包括 RDF 数据模型、时态 RDF 数据模型、空间 RDF 数据模型、时空 RDF 数据模型；第三，介绍并分析时空 RDF 数据查询的相关国内外研究，包括 RDF 数据查询、时态 RDF 数据查询、空间 RDF 数据查询、时空 RDF 数据查询。

1.2.1 时空数据概念模型的相关研究

时空数据模型建立的基础是时空数据概念模型。在语义 Web 中，具有很强的语义表示能力和描述能力，是研究时空数据概念模型的重要手段之一。

（1）OWL 模型的相关研究现状。在 OWL 模型方面，文献[15]提出了一个语义数据模型，旨在解决语义表示问题，以描述它们之间的相互作用和资源流动等。文献[16]提出了一种基于上下文的二维 Web 本体语言 OWL^C。使用第一维，可以定义依赖上下文的类、性质和公理；使用第二维，可以表达上下文的知识。此外，描述了 OWL 蕴含规则的上下文扩展，并提出了一组新的上下文推理规则。本体学习是高效构建知识库的关键技术，现有知识系统中的数据大多以关系方式组织，为了实现现有知识系统中知识的重用和共享，需要为现有知识系统构建本体，因此，在比较分析关系数据模式和本体的形式化定义后，文献[17]提出了一种从关系数据模型中提取知识本体的方法。该方法基于关系数据模式的元数据构建 OWL 本体知识库体系结构，将不同的数据元素映射为 OWL 本体的组件，并在 Java 平台上用原型工具实现。该方法可应用于将广泛存在的基于关系的知识库系统向基于 OWL 本体框架的知识库系统转移的实践。

(2)时态 OWL 模型的相关研究现状。在语义 Web 领域，对时态数据的表示和推理是一个普遍的需求。文献[18]研究了表示不精确时间间隔和清晰时间间隔的关系，扩展了 Allen 区间代数，提出了不精确时间区间之间的清晰时间关系。该方法保留了 Allen 区间代数的许多性质，通过传递性表说明了它们是如何用于时间推理的。在此方法的基础上，文献[19]用清晰和模糊元素扩展并表示精确和不精确的时态数据。之后，扩展 Allen 区间代数以支持关于精确和不精确时态数据的推理。文献[20]提出了一种基于本体的确定性和不确定性时态数据表示和推理方法，该方法根据定量的时间间隔和时间点及其之间的定性关系来处理时态数据，包括在 OWL 2 中引入本体来表示已处理的时态数据，将 Allen 区间代数推广到确定和不确定时间区间的推理。文献[21]基于 OWL 2 提出了一种定量的时间间隔和时间点以及它们之间的定性关系的表示和推理方法。文献[22]提出了一种处理 OWL 2 中不完备时态数据的方法，提出的定性时间关系可通过一组 924 条语义 Web 规则语言(semantic Web rule language，SWRL)规则推断出来。文献[23]根据封闭世界假设从大数据中自动构建时态数据的 OWL 2 本体，在时态和多模式环境中管理时态数据的增量维护，以适应这些时态数据的演化。

(3)空间 OWL 模型的相关研究现状。在空间 OWL 模型方面，文献[24]分析了空间信息，对网络服务的本体语言(ontology Web language for services，OWL-S)进行了扩展，用以描述空间信息。在此基础上，提出了基于语义的空间信息匹配方法，并根据用户偏好进行优化排序。文献[25]研究了一种半自动的方法，通过集成不同空间数据源提供的信息来建立和扩展地理本体，生成的本体可以作为地理信息检索中的知识资源，可使用 OWL 2 作为本体语言对新的空间关系进行建模和推理。文献[26]旨在改进地理空间信息模型在 OWL 中的实现，在地理信息系统中维护了大量的地理空间信息，在语义 Web 中共享模型和地理空间信息将提高模型和信息的可用性，并使模型和信息能够与来自其他领域的空间和非空间信息连接起来。研究和评价了地理空间信息模型中基本概念从统一建模语言(unified modeling language，UML)到 OWL 的转换方法，结果表明，UML 中与抽象类、联合、组合和代码列表相关的限制在 OWL 中具有挑战性，通过向 UML 模型中添加更多语义，解决了全局属性和外部概念的重用问题。

(4)时空 OWL 模型的相关研究现状。根据地理实体基本特征，文献[27]提出了一种面向地理实体及其关联关系动态变化表达的时空数据模型。在地理实体方面，将其抽象为由有序、无缝对象片段组成的时空对象，并建立对象片段表达的三元组模型。在关联关系方面，对空间关系和属性关系进行形式化描述。在动态变化方面，将地理实体的变化分为空间位置的变化、几何形态的变化和属性特征的变化，关联关系的变化分为空间关系和属性关系的变化，分别采用快照/增量、方程/模型两种方式来表达离散变化和连续变化。该模型可显式地描述动态时空对象及其关联关系在时空过程中的变化，有助于挖掘地理现象的基本变化规律和内在关联性。文献[28]提出通过在框架中加入 GeoSPARQL 和 OWL-Time，增强作为混合本体的空间和时间的处理能力，通过 SPARQL 查询为复杂的时空推理和查询提供近乎完整的数据管理。文献[29]提出以时空知识图作为信息管理框架，构建应急决策的概念层和实例层，在概念层定义知识图数据模型，在实例层对多源数据进行预处理并映射到知识图的内容中，进一步利用 SWRL 有效扩展 OWL 语义并实现规则表示。文献[30]融合了现有 OWL 概念三元组的时空属性，提出了时空数据的表示方法，定义了时空 OWL 类关系和时空扩展 OWL 类关系，将时空属性融合到三元组的每个元素中，解决了以往定义忽略了三元组中每个元素都具有时空属性的问题。

1.2.2 时空 RDF 数据模型的相关研究

近年来，随着时空应用需求的不断扩大，对时空数据模型的研究也开始受到重视，并呈现出与新型数据库和新型知识库相结合的趋势，越来越多的学者通过对时空数据中的时间特性、空间特性以及时空特性的研究为其构建合适的数据模型。

(1)RDF 数据模型的相关研究现状。RDF 是 W3C 中第一个用详细的元数据丰富 Web 信息资源的标准。RDF 数据的语义是使用 RDF 模式定义的。对语义 Web 日益增长的需求使人们的注意力集中在使用大型关系数据库(relational database，RDB)的语义 Web 试验上，关系数据库是语义 Web 的主干。RDF 是一种能够清晰、有逻辑地描述 Web 上资源信息的语言，正确地编写和使用 RDF 是语义 Web 的核心。文献[31]提出了一种可互相操作的数据模型，该模型无须读取 RDB 表的元信息就可以用表数据和结构化查询语言生成 RDF 语句。此外，在该模型的基础上，研究了如何映射到 RDF，该映射方法比 RDB 和 RDF 之间现有的简单映射方法更先进。文献[32]提出了一种在面向对象数据库中以图的形式表示 RDF 数据的方法，该方法避免了重建图的代价，并且可以有效地直接查询 RDF 数据。为了解决海量 RDF 数据的存储效率问题，文献[33]对开源数据库 Virtuoso，TDB，Neo4j 的 RDF 数据存储方法进行了研究。采用 Freebase 的 27 亿三元组为实验数据，通过实验得出三者中 Virtuoso 是处理海量 RDF 数据存储的最佳方案。文献[14]从基于云计算平台的分布式 RDF 数据管理方法、基于数据划分的分布式 RDF 数据管理方法和联邦式系统三个方面对不同分布式 RDF 数据管理方法进行综述。由于互联网使获取的 RDF 数据越来越多，文献[34]利用和重用现有的成熟技术，扩展了具体化概念的关系化，以支持复杂再现的关系化，还提供了性能图和关系等效 RDF 存储的屏幕截图，解决了数据可信度的问题。文献[35]讨论了利用非关系型数据库(not only SQL, NoSQL)存储大量 RDF 数据，并综述了 RDF 数据存储技术的最新进展以及在不同 NoSQL 数据库模型中的解决方案。文献[36]利用从图的子结构中获取的局部信息生成序列，并学习 RDF 图中实体的潜在数值表示。通过比较 12 种不同边缘加权函数在 RDF 图上进行有偏行走，扩展了计算特征向量表示的方法，以生成更高质量的图嵌入。文献[37]分类考虑了 RDF 目标、数据组织、查询处理、动态性和可伸缩性等因素，根据现有 RDF 数据管理系统的主要特点对它们进行了分类，使用户可以根据自己的需要选择最合适的 RDF 数据管理系统。

(2)时态 RDF 数据模型的相关研究现状。时态特性方面的数据模型通过将时间信息与 RDF 相结合构建数据模型，文献[38]首次通过在 RDF 三元组上添加时间标签来表示 RDF 数据的时态特征，并提出了时态 RDF 图的形式化定义。给出了时态 RDF 数据的语义，其中包括时态蕴含的概念，以及使用 RDF 词汇表加上时态标签将该框架合并到标准 RDF 图中的语法。利用 RDF 蕴含给出了时态蕴含的形式化表示，并证明了时态蕴含相对于非时态 RDF 图不产生额外的渐近复杂度。此外，还讨论了具有匿名时间戳的时态 RDF 图，为研究时态匿名性提供了理论框架。最后，给出了一个面向 RDF 的时态查询语言，并给出了用于查询评估的复杂度结果。文献[39]为拓展其时态信息表达能力，在元组的时间标签上添加变量，用于表示该元组真实发生的频率，提出了时态约束模型 tRDF，该模型在索引构建时间方面占用的时间是 R+树、SR-树、ST-索引和 MAP21 等已知的时间索引的三分之二或更少，它使用的内存量与 Jena，Sesame

和 3Store 相当，磁盘占用空间更少。文献[40]研究了多种形式时态 RDF 数据模型的分类法，从语法和语义两个方面对 RDF 规范的遵从性、对附加对象的需求等方面进行了讨论，各扩展模型对时态 RDF 数据及其关系的描述侧重点各有不同，在时态特征解释能力方面也存在较大差异。文献[41]基于 RDF 提出了一种时态数据表示模型 RDFt，该模型既能表示时间信息又能表示更新次数信息，并给出了 RDFt 模型的语法和语义。文献[42]提出了一种时态 RDF 数据模型，给出了具体的一维编码方案，实现了简单地表示时态信息，并以较低的开销扩展现有的 RDF 数据模型。文献[43]提出了一个新的时态 RDF 表示模型 tRDF，该模型首先根据宾语的不同类型，选择性地将时态信息附加在宾语或谓语上。其次，结合时态数据库的概念，给出了一种基于关系数据库 PostgreSQL 的 tRDF 数据存储方法。最后，从数据存储的时间和空间两个方面对所提出的 tRDF 数据存储方法进行了验证。文献[44]结合基于 Allen 区间代数的匿名时间戳的时间约束提出了时态 RDF 数据模型，提出的约束条件对时态 RDF 图进行蕴含测试可简化为闭包计算和映射发现，即非时态 RDF 图蕴含测试标准方法的一种推广形式。

(3)空间 RDF 数据模型的相关研究现状。空间特性方面的数据模型通过将空间信息与 RDF 相结合构建数据模型，文献[45]提出了一个开源工具 GeoTriples，它生成和处理扩展的 R2RML 和 RML 映射，将地理空间数据从多种输入格式转换为 RDF，GeoTriples 允许将存储在原始文件(shapefiles，CSV，KML，XML，GML 和 GeoJSON)和支持空间的 RDBMS(PostGIS 和 MonetDB)中的地理空间数据转换为 RDF 图。文献[46]提出了一个支持有效空间数据管理的 RDF 存储的扩展，包括为具有空间位置的实体提供有效的编码方案、引入动态空间过滤器和空间连接算法，以及最小化几何和字典访问开销的优化。文献[47]提出了一个通用的编码方案来有效地管理空间 RDF 数据，该方案近似于 RDF 实体在其(整数)ID 中的几何形状，可以与运算符一起使用，并在更新时动态地对实体重新编码。文献[48]研究了 SPARQL 语言的一种变体 spatial SPARQL，用于表示集成空间信息的 RDF 数据。文献[49]从 GML 数据派生链接数据，研究了如何在给定底层信息模型的情况下，将 GML 从统一建模语言转换为 Web 本体语言来创建更有意义的、以 RDF 表示的空间数据。

(4)时空 RDF 数据模型的相关研究现状。时空特性方面的数据模型通过将时空信息与 RDF 相结合构建数据模型，文献[50]探索了一种表示时空数据内容并支持RDF图的代数操作框架，定义了一个基于RDF的时空数据模型。在此基础上，研究了时空语义和时空代数运算，定义了五种类型的图代数，还提出了一个时空RDF语法规范，以帮助用户对时空RDF图进行浏览、查询和推理。文献[51]基于RDF提出了一种时空信息集成方法，研究了如何将时空断言转换到SPARQL查询语言中。文献[52]提出了一种基于RDF的模糊时空RDF图模型，该模型将数据表示为三元组(主语、谓语、对象)。对多源异构模糊时空数据的相关异构问题进行了分析和分类，并利用模糊时空RDF图模型定义了相应的规则来解决这些异构问题。另外，根据RDF三元组的特点，分析了RDF三元组中多源异构模糊时空数据集成的异构性问题，提出了基于RDF三元组的多源异构模糊时空数据集成方法。由于时空应用中时空数据的不精确性和不确定性，文献[53]提出了一个不确定时空数据模型，并定义了相应的约束框架，之后研究了RDF图中不确定时空数据的不一致性类型。在此基础上，给出了不确定时空RDF图中由更新操作、插入操作和删除操作引起的不一致的修复方法。在此基础上，文献[54]提出了一种能够表示模糊时空数据的扩展RDF模型，并给出了模糊时空数据的RDF图结构。研究了RDF图中模糊时空数据的约束条件，提出了相应的修复规则和算法，对模糊时空RDF图进行检测和修复。该方法能够有效地解决模糊时空RDF图的不一致性问题。

1.2.3 时空RDF数据查询的相关研究

时空数据查询是时空数据管理中最基本、最常用，也是最复杂的操作。近年来对时空RDF数据查询的研究开始增多，并从不同角度提出了时空RDF数据查询方法。与时空RDF数据查询相关的方法包括：RDF数据查询、时态RDF数据查询、空间RDF数据查询以及时空RDF数据查询。

(1)RDF数据查询的相关研究现状。RDF支持将元数据作为普通Web数据进行创建和交换。尽管已经出现了大量的RDF描述，但仍然缺少足够表达的声明性语言来查询RDF描述和模式。文献[55]提出了一种新的RDF查询语言RQL，它是一种类型化函数语言，依赖有向标记图的形式化模型，允许通过一个或多个RDF模式解释叠加的资源描述。RQL使半结构化XML查询语言的功能适应RDF的特点，最重要的是，它能够统一查询资源描述和模式。文献[56]探索了RDF数据的查询松弛方法，其目的是以不同的精确程度返回满足查询条件的数据，并根据它们满足查询条件的“紧密程度”对查询结果进行排序。通过基于 RDFS 蕴含和 RDFS 本体对查询条件进行逻辑松弛，使查询更加灵活。此外，给出了一种增量计算查询松弛结果的查询处理算法。该方法适用于缺乏对数据基础本体的理解，或者数据对象具有异构属性集或不规则结构的情况。对于 RDF 图上的任意合取查询，查询包含是 NP 完全的，文献[57]引入了一种相对简单的合取查询形式，称为 f-图查询。该方法首先证明了 f-图查询的包含检查可以在多项式时间内解决。在此基础上，提出了一种新的索引结构，称为 mv-index，它允许在单个 f-图查询和任意数量的存储查询之间进行快速包含检查。文献[58]研究了一种高效的 RDF 图查询方法，该方法采用 RB 树快速插入/删除 RDF 数据，异步将 RB 树中的数据移动到向量中，对各种 RDF 查询模式的索引结构进行早期剪枝，以实现支持动态 RDF 图的快速查询。文献[59]提出了一种将用户指定的基于关键字的查询自动转换为 SPARQL 查询的算法，该算法不依赖 RDF 模式，通过探索 RDF 数据集中观察到的属性域和范围以及类实例集之间的相似性进行 SPARQL 查询。文献[60]研究了基于模糊图的 RDF 模型表示模糊性的实用扩展，之后研究了从模糊 RDF 图中查询与给定模式图匹配的高满意度子图的问题，该图模式可以使用正则表达式来指定图的结构条件，提出了一个基于图同态概念的图模式查询算法。在此基础上，文献[61]研究了模糊 RDF 数据图的查询问题。首先用模糊图对 RDF 数据进行建模，一个 RDF 查询等价于在模糊图的子图上搜索，这些子图与给定的查询图有很高的匹配可能性。在建立基于路径的 RDF 图索引的基础上，给出了一种高效的近似子图匹配算法。该算法包括三个主要步骤：将查询图分解为一组路径，在分解过程中为每条路径获得一组候选路径，并将候选路径连接在一起构建查询图的结果。文献[62]提出了一种动态选择性估计策略，并为并行查询处理生成最优查询计划。在此基础上，提出了一个并行处理模型，以最大限度地提高查询的并行性。然而，该查询方法引入了大量的连接操作，在查询过程中在某些子图中反复遍历，使查询效率和查询性能较差。针对上述问题，文献[63]提出了一种分布式环境下 RDF 图数据的子图查询方法，该方法利用图结构对 RDF 图进行分解，并计算出最优查询序列，产生较少的中间结果，减少了重复计算。

（2）时态 RDF 数据查询的相关研究现状。在时态 RDF 数据查询方面，文献[64]为时态查询引入了一种速记格式，提出了一种基于命名图的时态 RDF 的语法和存储格式，考虑到对现有 RDF 语法的限制，该方法使用标准 SPARQL

语法执行时态查询，减少了执行时间点查询所需的时间。文献[65]提出了一种时态 RDF 数据索引结构，给出了 RDF 三元组的两个层次的索引：一个是用于 RDF 三元组时间信息的全局索引；另一个是用于 RDF 三元组非时间信息的局部索引。在此基础上，文献[66]提出了一种时态 RDF 图索引方法，以有效地查询海量时态 RDF 数据。该方法分别建立了用于查询时态 RDF 三元组主语的前缀路径索引和用于查询时态 RDF 三元组对象的后缀路径索引，可以支持在时态 RDF 图中插入和删除时态三元组。实验结果表明，该索引方法能够有效地处理时态 RDF 图中的查询。文献[67]描述了一个面向 Web 的 SPARQL 查询生成器原型。其主要优点是即使不了解 SPARQL 的用户也可以进行复杂的查询，这些查询支持具有不同时间点的多属性选择。文献[68]研究了如何通过先执行原生 SPARQL 操作来简化 SPARQL 扩展的复杂操作，讨论了如何在提出的模型中设计各种形式的时态查询。文献[69]研究了不同类型区间联结的计算问题，给出了计算主要 Allen 关系的区间连接的有效算法。此外，还研究了用于合并连续或重叠时间间隔的区间合并问题，并提出了一种有效的算法。文献[41]提出了一种面向 RDFt 的查询语言 SPARQL[t]，并详细给出了 SPARQL[t]的查询语法和操作。另外，为了与现有的 RDF 查询引擎兼容，提出了一种从 SPARQL[t]到 SPARQL 的查询转换算法。文献[70]提出了一种关键词查询算法。首先，根据时态 RDF 的特点对时态 RDF 进行压缩形成摘要图；其次，建立两个索引，一个是借助关键字与所在时态实体的索引，将关键字中的时间与时态实体进行对应，另一个是应用向前路径搜索优先级索引，将待查询的关键字构建成时态 SPARQL 查询；最后，将时态 SPARQL 查询转换成标准 SPARQL 查询，并使用 SPARQL 搜索引擎执行查询。文献[71]提出了时态 RDF 数据模型，并提出了相应的查询语言 SPARQLMT。SPARQLMT 在 SPARQL 语言的基础上进行了扩展，增加了便于查询时态信息的语法和语义。

(3)空间 RDF 数据查询的相关研究现状。在空间 RDF 数据查询方面，文献[72]引入扩展的 SPARQL 和 RDF 查询语言来查询空间语义关系，从而实现空间语义查询。为了实现地理数据的空间查询，在分析和研究传统 RDF 数据组织方法和空间索引的基础上，提出了地理空间四元组模型，并基于该模型构建了地理语义空间索引，实现了支持语义查询规范的地理语义空间查询，不仅能够快速定位空间 RDF 节点，而且能够快速进行空间查询并返回 RDF 结果。不完全信息在关系数据库和知识表示中得到了深入研究，它也是语义 Web 框架（如 RDF）中的一个重要问题。文献［73］基于地理语义查询在方法论、本体词表结构以及实现框架上的研究，将传统空间索引技术和 RDF 数据组织方法进行了结合，通过构建合适的地理语义空间索引，实现了面向 SPARQL 的地理语义空间查询，从而提供了一种轻量级的地理语义空间查询方案。文献［74］引入了 RDF 的一个扩展 RDF^i，用约束表示不完全信息。定义了 RDF^i 的语义，并在此框架中研究了 SPARQL 查询方法。当所使用的约束语言能够表达 RCC-8 中的拓扑关系时，利用 RDF 查询的地理空间信息的 OGC 标准 GeoSPARQL 成为 RDF^i 的特例。基于空间 RDF 数据的 top-k 最相关语义位置检索查询结合了基于关键字和基于位置的检索，查询返回语义位置，这些位置根植于具有关联位置实体的子图，语义位置与查询关键字的相关性通过松散度得分来度量，松散度得分聚合了该位置与关键字在节点中出现的图距离。然而这样的查询可能检索空间上靠近查询位置的语义位置，但关键字相关性非常低。因此，文献［75］提出了语义位置检索的一种扩展方法，旨在返回在空间上靠近查询位置的多个位置，使每个位置与一个或多个查询关键字相关。在早期的基于位置的关键字搜索范例中，用户输入一组关键字、查询位置和要检索的大量 RDF 空间实体，输出实体在地理上应该靠近查询位置，并且与查询关键字相关。但是，查询出的结果可能彼此相似，从而影响查询的有效性。针对这一局限性，文献［76］将文本和空间多样化集成到 RDF 空间关键字搜索中，便于检索具有不同特征和方向的实体。由于寻找最优查询结果集是 NP 难问题，因此，提出了两个保证质量的近似算法。实证研究表明，与非多样化搜索相比，该算法只增加了微不足道的开销，而在实践中返回了高质量的结果。

（4）时空 RDF 数据查询的相关研究现状。时空查询语言的缺乏限制了 RDF 数据在面向时空应用中的使用，文献［77］对时空 RDF 数据进行了形式化定义，提出了一种时空查询语言，该语言通过时空断言扩展了 SPARQL 语言来查询时空 RDF 数据，并设计了一种新的索引和相应的查询算法。在一个集成了超过 1.8 亿个空间和时间三元组的 RDF 图上，性能提升了 20%～30%。文献［78］提出了新的空间和时间链路查询方法，允许数据发布者在其数据和其他链接的开放数据之间生成各种各样的空间、时间和时空关系，有针对性地处理这些数据的常见异构问题。文献［79］选择事件作为研究对象，对已有事件模型进行了时间和空间上的扩展，定量定义了 13 个时间关系、9 个空间方位关系和 8 个空间拓扑关系，之后用 30 个查询操作符对 SPARQL 进行扩展，利用这些查询操作符可以从两个事件的属性值计算出两个事件之间的某种关系，该方法能够有效地挖掘事件中实体之间隐藏的关系。文献[80]提出了一种时空 RDF 表示模型，在此模型的基础上，提出了查询图算法，以获得查询图的候选同构图，并研究了模式匹配的过程。文献[81]在 RDF 数据上提出并研究了基于关键字的空间语义搜索查询，查询的目的是查找包含查询关键字的 RDF 子图，这些子图根植于靠近查询位置的空间实体。为了将时态语义添加到查询中，提出了使用两种方法合并时态信息的查询。一种方法是考虑关键字匹配顶点和查询时间戳之间的时间差异。另一种方法是使用时间范围过滤关键字匹配的顶点。此外，还设计了一种高效的查询方法，包括两种剪枝技术和一种数据预处理技术。文献[82]通过将每个 RDF 实体的时空信息压缩成一个唯一的整数值来提高时空 RDF 查询的性能，在一个过滤和细化框架中利用这种编码来有效地查询时空 RDF 数据。文献[83]将时空 RDF 数据所包含的时间特征、空间特征和文本特征分别进行处理，以方便查询，设计了分解图算法和组合查询路径算法，将具有时空特征的查询图拆分为多条路径，利用查询图中的每条路径在数据图所包含的路径集中搜索最佳匹配路径，并根据评分函数寻找最佳匹配路径，将所有最佳路径组合生成匹配结果图。文献[84]形式化定义了时空 RDF 数据，构建了一个时空 RDF 模型，用于表示和处理时空 RDF 数据。在此模型的基础上，提出了一种基于子图匹配的时空 RDF 查询算法，该算法通过在查询过程中采用初步的查询过滤机制，对时间或空间范围超过特定范围的查询快速确定查询结果是否为空。此外，还提出了一种计算查询节点匹配顺序的排序策略，以加快子图匹配。文献[85]研究了并行处理 SPARQL 时空查询的问题，使用分布式内存处理框架 Spark 作为底层处理引擎，设计了一个查询方案，并利用一维编码方法来提高查询性能。除了关于时空 RDF 数据的查询，针对模糊时空 RDF 数据的查询方面，文献[86]针对 R2RML 映射方法在数据转换方面的优势，提出了三种基于 R2RML 的模糊时空数据从关系数据库转换为模糊时空 RDF 数据的方法。在此基础上，根据模糊时空 RDF 数据的特点，提出了三种不同的模糊量词来表示模糊时空 RDF 数据。文献[87]提出了一种模糊时空 RDF 属性松弛方法和一种简单的三重松弛方法，以获得更广泛的查询松弛结果，之后返回与初始查询相似度最高的结果。文献[88]提出了一个模糊时空数据语义模型，在将关系型时空数据和 XML 格式的时空数据映射到 RDF 局部语义模型后，将 RDF 局部语义模型转换为 RDF 全局语义模型，解决了不同数据源之间的结构异构问题，能够对不同数据源执行全局查询。

1.3 研究目标与意义

通过1.2节对国内外基于RDF的时空数据模型方法和查询方法的相关研究现状分析发现，现有的基于RDF的时空数据模型及查询的研究主要集中在RDF数据、时态RDF数据以及空间RDF数据中。因此，现有的研究成果还难以满足时空RDF数据的建模及查询的需求，一些重要的理论和方法问题目前还处于研究空白阶段。为此，本书将依次对时空RDF数据的概念模型、数据模型以及查询方法展开深入研究，目标在于基于RDF形成有关时空数据从建模到查询的完整框架，并突破其中的关键技术。

为时空数据提供高效的表示和查询方法在地籍、海洋、气象等时空应用领域有着迫切的需求，为预防难以预测和控制事件的发生带来了新的机遇，并具有广阔的应用前景。例如，在海运安全领域，泰坦尼克号沉船事件促成了第一届"海上生命安全"会议的召开，并组建了国际冰山巡逻队(IIP)，基于GIS技术建立对冰山的智能监测及分析系统，通过观测数据预测冰山的移动范围，为海洋交通安全保驾护航，避免事故发生。在林火监测领域，融合地理位置信息的时空数据可以为森林火灾的监测及预警提供有力支持，我国已在部分林区建立了一套完整的基于3D GIS技术的森林火灾预警系统及应急指挥系统，极大地降低了林火发生的概率，有效减轻了林火造成的危害。在国防领域，美国在"9·11"事件后成立了国土安全部(DHS)，利用具有时空特性的地理信息数据建立面向社会角色的大型情景模拟计算环境，防止恐怖主义制造的袭击事件，保护国家安全。在地质灾害领域，地理信息数据是反映复杂地理形态的基础，结合时空数据的地理位置信息更是应对地质灾害的保障。我国在"十五"期间基本建成了全国一体化地震应急指挥技术系统网络，同时建立了基于Windows和GIS的地震现场灾害损失评估地理信息系统。"十三五"期间更是要求强化信息化支撑，实施"互联网+"行动计划，拓展物联网、云计算、大数据、移动互联网、地理信息系统等新技术在防震减灾工作中的应用。在交通领域，融合了地理位置信息及空间信息的时空大数据是提高指挥决策科学性的关键。我国于"十二五"期间提出了"智能交通"战略，成立了智能交通系统(ITS)专家咨询委员会，北京作为首批试点城市，已建成一套基于地理信息系统的交通智能化分析平台，用以实时处理并分析实时动态的交通信息数据，为交通疏堵、公交线路优化等工作提供技术支持及决策支持。在气象领域，我国气象中心利用GIS技术搭建的气象服务信息系统（MESIS）已经在各省市实现了常态化稳定运行，MESIS系统的灵活性兼具GIS技术的时空分析、地理模拟等功能，极大地提高了气象预报的准确性及决策服务的实时性。

基于以上分析，时空RDF数据模型及查询方法的研究来源于时空应用领域的实际需求，尚处于探索阶段。本书的研究内容将为基于RDF的时空数据模型及查询提供理论和技术上的解决方案，将丰富和发展时空数据相关研究的现有技术方法，促进时空数据的应用在技术和实现等方面的发展，具有重要的现实意义。

1.4 本书工作

1.4.1 研究内容

本书主要进行了以下三个方面的研究工作。

（1）从基于OWL的时空数据形式化表示入手，详细地讨论了具有时空属性定义域的有限集、具有时空属性的与定义域相关的事物状态的集合的有限集、具有时空属性的定义域与集合间的关系的有限集、基于OWL的时空数据可表示、时空数据中的时态属性、时空数据中的空间属性。之后，对时空OWL公理类进行了研究，包括时空等价类关系和时空子类关系，其中时空子类关系的研究包括子时态属性、子空间属性、时空子域、时空子集合、时空子关系。在此基础上，研究了时空OWL逻辑类，包括时空不相交类、时空交集类和时空并集类，分别从时空OWL三元组中要考虑到具有时空属性定义域、具有时空属性的与定义域相关的事物状态的集合、具有时空属性的定义域与集合间的关系这三个方面的逻辑情况进行了研究。

（2）通过扩展RDF模型，首先提出一个基于RDF的时空数据模型，包括stRDFS数据模型的表示方法、时空RDF数据图、时空RDF查询图等。其次定义时空RDF数据图的4种结构，包括线性结构、树状结构、星形结构和循环结构。在此基础上，研究stRDFS中的主要类，并对它们进行了描述，包括时空域中的空间类和描述、时空域中的时间类和描述、时空域中的时空类和时空描述。再次研究了五种类型的stRDFS图代数，包括并操作、交操作、差操作、笛卡儿积操作和筛选操作。之后，通过一个实例验证所提模型的正确性。最后研究时空RDF数据的拓扑关系，包括Equal，Disjoint，Meet，Overlap，Cover，CoveredBy，Inside，Contain，Before，Now和After，并利用Gephi验证所提时空RDF数据模型拓扑关系确定方法的实用性。

(3)基于子图同构提出一种时空RDF数据的查询方法。首先研究时空RDF数据的匹配：通过时间交操作、时间并操作和时间跨度研究时空RDF数据中时间区间的匹配，通过空间交操作、空间并操作和空间跨度研究时空RDF数据中空间区间的匹配。之后，定义查询候选域，并提出匹配顺序的计算方法。在此基础上，定义时空RDF数据中的子图同构，并基于子图同构提出时空RDF数据的查询方法。最后通过实验测试与分析说明所提查询方法的有效性和高效性。

1.4.2 组织结构

根据上述研究内容，本书共分为6章，每章的具体内容安排如下：

第1章"绪论"主要阐述基于RDF研究时空数据模型与查询方法的研究背景和研究动机，分析了国内外相关研究现状。在此基础上，介绍本书的研究目标与研究意义，最后给出本书的主要研究内容和结构安排。

第2章"相关基础知识"主要介绍OWL的相关知识、RDF的相关知识以及时空数据的相关知识。首先介绍OWL的相关知识，包括OWL概述、OWL语言、OWL子语言。之后介绍RDF的相关知识，包括RDF概述、RDF的基本思想、RDF Schema的基本思想、SPARQL的基本思想。最后介绍时空数据的相关知识，包括时空数据概述、时空数据类型、时空拓扑语义。

第3章"时空数据概念模型"从基于OWL的时空数据形式化表示入手，对时空OWL公理类进行了研究，包括时空等价类关系和时空子类关系。在此基础上，研究时空OWL逻辑类，包括时空不相交类、时空交集类和时空并集类。

第4章"基于RDF的时空数据模型"提出了一个基于RDF的时空数据模型，将其命名为stRDFS数据模型，它善于表示动态变化的数据和灵活的时空数据关系。之后，定义时空RDF数据图的4种结构，包括线性结构、树状结构、星形结构和循环结构。在此基础上，研究 stRDFS 的主要类并对它们进行了描述，研究五种类型的 stRDFS 图代数。最后研究时空 RDF 数据的拓扑关系。本章的研究内容为后面章节的研究提供了数据模型基础。

第 5 章“基于子图同构的时空 RDF 数据查询”基于子图同构提出一种时空 RDF 数据的查询方法。首先研究时空 RDF 数据中时间区间和空间区间的匹配。之后提出匹配顺序的计算方法。在此基础上，基于子图同构提出时空 RDF 数据查询方法。最后通过实验测试与分析验证所提查询方法的有效性和高效性。

第 6 章“结论、创新点及展望”对本书所做的工作及创新点进行了总结，并对后续的研究工作进行了展望。

2 相关基础知识

本章介绍本书的相关基础知识。2.1 节介绍 OWL 相关知识，包括 OWL 概述、OWL 语言、OWL 子语言；2.2 节介绍关于 RDF 相关知识，包括 RDF 概述、RDF 的基本思想、RDF Schema 的基本思想、SPARQL 的基本思想；2.3 节介绍时空数据相关知识，包括时空数据概述、时空数据类型、时空拓扑语义；第 2.4 节是本章小结。

2.1 OWL 相关知识

2.1.1 OWL 概述

OWL 是一种语义 Web 语言，用于本体的知识表示，旨在表示关于事物、事物组以及事物之间关系的丰富而复杂的知识[89]。OWL 是一种基于计算逻辑的语言，因此，用 OWL 表示的知识可以被计算机程序使用，例如，验证该知识的一致性或使隐含的知识显式化。OWL 文档被称为本体，可以在万维网上发布，并且可以引用其他 OWL 本体或从其他 OWL 本体引用。

本体是描述分类法和分类网络的一种形式化方法，本质上定义了各个领域的知识结构，包括表示对象类别的名词和表示对象之间关系的动词。本体类似于面向对象编程中的类层次结构，但有几个关键的区别。类层次结构意味着表示源代码中使用的结构，这些结构的演化相当缓慢；而本体意味着表示 Internet 上的信息，并且预计它们几乎是不断演化的。类似地，本体通常要灵活得多，因为它们意味着在 Internet 上表示来自各种异构数据源的信息。类层次结构往往是相当静态的，并且依赖于远不那么多样化和更结构化的数据源。

2007 年 10 月，W3C 工作组开始使用 OWL 1 成员提交中提出的几个新特性对 OWL 进行扩展和修订。W3C 于 2009 年 10 月 27 日宣布了 OWL 的新版本，名为 OWL 2，第二版于 2012 年出版。构成 OWL 2 规范的可交付内容包括一个文档概述，它作为 OWL 2 的介绍，描述了 OWL 1 和 OWL 2 之间的关系，并通过文档路线图提供了剩余可交付内容的入口点。

OWL 中由本体描述的数据被解释为一组“个体”和一组“属性断言”，它们将这些个体相互联系起来。本体由一组公理组成，这些公理对个体集合（称为“类”）和它们之间允许的关系类型施加约束。这些公理通过允许系统根据显式提供的数据推断附加信息来提供语义。例如，描述本体可能包括这样的公理：当“HasParent”也存在时，“HasFather”属性只存在于两个个体之间，并且“HasTypeABlood”类的个体从不通过“HasParent”与“HasTypeABBlood”类的成员相关联。如果声明个人 Tom 通过“HasFather”与个人 Lily 相关，并且通过是“HasTypeABlood”类的成员，那么可以推断 Lily 不是“HasTypeABBlood”的成员。然而，只有当“父母”和“父亲”的概念只指生身父母或父亲而不是社会父母或父亲时，这才是正确的。

OWL 能够创建类、属性，定义实例及其操作。实例是一个对象，对应一个描述逻辑个体。类是对象的集合，可以包含类的个体、实例。类可以有任意数量的实例，一个实例可以不属于一个类，也可以属于一个或多个类。一个类可以是另一个类的子类，继承其父超类的特性。类及其成员可以通过扩展或内涵在 OWL 中定义，可以通过类断言显式地为个体赋一个类。属性是类的一个特性：一种指定某些属性的有向二进制关系，对于该类的实例来说，这些属性是真的。属性有时充当数据值或指向其他实例的链接，属性可以表现出逻辑特征，例如，传递性、对称性、可逆性等，属性也可以有域和范围。Datatype 属性是类的实例与 RDF 或 XML 数据之间的关系。对象属性是两个类的实例之间的关系。OWL 支持类的各种运算操作，如并操作、交操作和差操作。元类是类的类，其在 OWL 中是完全允许的，或者带有一个名为类/实例双关语的特性。

2.1.2 OWL 语言

（1）语法。OWL 在 RDF/RDFS 的基础上，使用基于 XML 的 RDF 语法，是一种不符合 RDF 惯例的基于 XML 的语法，且是一种 UML 约定的图形化语法，其语言规范文档中使用了抽象语法，较 RDF/XML 语法更紧凑易读。

(2)头部。OWL 本体的根元素是 rdf：RDF 元素，指定命名空间，可以以聚焦在 owl：Ontology 元素中的断言开始，包括注释和版本控制等。其中，命名空间用于消除二义性，每个命名空间都有导入元素，只提供定义，不引入新名字。

(3)类元素。类的定义可以使用 owl：Class 元素，有两个预定义的类：owl：Thing 是最一般的类，包含所有内容；owl：Nothing 是空类。每个类都是 owl：Thing 的子类，是 owl：Nothing 的父类。

(4)属性元素。OWL 包括两种属性，分别是将对象相互关联的对象属性和将对象与数据类型值相关联的数据类型属性。OWL 没有预定义数据类型，没有提供特殊的定义机制，可利用语义 Web 的层次特性使用 XML Schema 的数据类型。

(5)属性约束。属性约束可以使用 owl：Restriction 元素，包括一个 owl：onProperty 元素和一个/多个约束声明。其中，一种约束声明使用 owl：allValuesFrom，owl：hasValue 或 owl：someValuesFrom 定义被约束属性的取值方式；另一种约束声明定义被约束属性的基数约束。owl：Restriction 不是由 owl：Class 定义的，它定义了没有 ID 的匿名类，且局部有效。

(6)特殊性质。属性元素可以直接定义一些特殊性质，例如传递性、对称性、函数性和逆函数性等。其中，传递性用 owl：TransitiveProperty 定义；对称性用 owl：SymmetricProperty 定义；函数性用 owl：FunctionalProperty 定义，规定属性对任何对象最多只能取一个值；逆函数性用 owl：InverseFunctionalProperty 定义，规定属性对不同的对象不能取相同值。

(7)布尔组合。OWL 类可以进行布尔组合，且可以嵌套，包括并操作、交操作、差操作。其中，并可以用 owl：unionOf 定义、交可以用 owl：intersectionOf 定义、差可以用 owl：differenceOf 定义。进行布尔组合的类可以是由 owl：Class 定义的类，也可以是由类表达式定义的类。

2.1.3 OWL 子语言

由于本体语言既要求高效率的推理支持，又要求语言具有完整逻辑的强大表达能力，因此，W3C 定义了三种不同的子语言，具有不同的表达级别和层次，实现了整体需求。这三种子语言是 OWL Lite，OWL DL 和 OWL Full(按增加表现力排序)。这些子语言中的每一个都是其更简单的前身的句法扩展。例如，每个合法的 OWL Lite 本体都是一个合法的 OWL DL 本体；每个合法的

OWL DL 本体都是一个合法的 OWL Full 本体；每个有效的 OWL Lite 结论都是一个有效的 OWL DL 结论；每个有效的 OWL DL 结论都是一个有效的 OWL Full 结论。

OWL Lite 最初旨在支持那些主要需要分类层次结构和简单约束的用户。例如，虽然它支持基数约束，但它只允许基数值为 0 或 1。然而，在实践中，对 OWL Lite 的大多数表达性限制只不过是语法上的不便，OWL DL 中可用的大多数构造都可以使用 OWL Lite 特性的复杂组合来构建，并且与描述逻辑具有同样的表达性。因此，OWL Lite 工具的开发几乎与 OWL DL 工具的开发一样困难，而且 OWL Lite 并没有得到广泛使用。OWL Lite 没有枚举类、类不相交陈述、任意基数约束等，优点是容易掌握和实现，缺点是表达能力有限。

OWL DL 的设计目的是提供尽可能强的表达能力，同时保持完备性、可判定性和实用推理算法的可用性。OWL DL 包括所有 OWL 语言构造，但它们只能在某些限制下使用。例如，不能对声明为可传递的属性施加数量限制，虽然一个类可以是许多类的子类，但是一个类不能是另一个类的实例。OWL DL 之所以如此命名是因为它与描述逻辑相对应，优点是保证了高效率推理支持，缺点是不能与 RDF 完全兼容，具体表现为合法的 RDF 文档需通过一些扩展或限制才能成为合法的 OWL DL 文档，然而，每个合法的 OWL DL 文档都是合法的 RDF 文档。

OWL Full 基于不同于 OWL Lite 或 OWL DL 的语义，使用了 OWL 的所有原语，允许这些原语与 RDF/RDFS 的任意组合，或通过原语间的作用改变预定义原语的含义。例如，可以对类施加基数约束，限制本体可以表达的类的个数。在 OWL Full 中，一个类可以同时被视为一个个体的集合和一个单独的个体，这在 OWL DL 中是不允许的。OWL Full 允许本体增强预定义词汇表的含义。OWL Full 是不可判定的，因此没有推理软件能够对其进行完整的推理。OWL Full 的优点是语法和语义上相对 RDF 完全向上兼容；缺点是表达能力过于强大且不可判定，难以作完备或高效的推理。

2.2 RDF 相关知识

2.2.1 RDF 概述

RDF 是 W3C 的标准，最初设计为元数据的数据模型，已成为 Web 上数据交换的标准模型[89]。RDF 是由三个语句组成的有向图，包括主语的节点、谓词的从主语到对象的圆弧、对象的节点，这三个部分都可以用 URI 标识，对象可以是文字值。这种简单灵活的数据模型具有很强的表达能力，可以表示复杂的情况、关系和其他感兴趣的事物，也具有适当的抽象性。

源自 W3C 的 Internet 内容选择平台是一个早期的 Web 内容标签系统，最初的 RDF 设计旨在“建立一个与供应商无关、与操作系统无关的元数据系统”。RDF 的第一个公开草案出现在 1997 年 10 月，由一个 W3C 工作组发布，该工作组包括来自 IBM、微软、诺基亚、密歇根大学的代表等。1999 年，W3C 发布了第一个推荐的 RDF 规范：模型和语法规范，描述了 RDF 数据模型。

然而，此时人们对 RDF 有两个误解：第一，由于 RDF 中“资源描述”的原始性，认为 RDF 是专门用来表示元数据的；第二，RDF 是 XML 格式而不是数据模型，只有 RDF/XML 序列化是基于 XML 的。因此，RDF 在这一时期几乎没有得到重视。

RDF 在 1999 年被 W3C 采纳，RDF 1.0 规范于 2004 年发布，包括 RDF 入门、RDF 概念和摘要、RDF/XML 语法规范(修订版)、RDF 语义、RDF 词汇表描述语言 1.0、RDF 测试用例。RDF 1.1 规范于 2014 年发布，包括 RDF 1.1 入门、RDF 1.1 概念和抽象语法、RDF 1.1 XML 语法、RDF 1.1 语义、RDF 模式 1.1、RDF 1.1 测试用例。

RDF 有一些特性，即使底层模式不同，也能促进数据合并，而且它特别支持模式随时间的演变，而不需要改变所有数据使用者。RDF 扩展了 Web 的链接结构，使用 URI 来命名事物之间的关系以及链接的两端，允许结构化和半结构化数据在不同应用程序之间混合、公开和共享。此链接结构形成一个有向的、有标记的图，其中边表示由图节点表示的两个资源之间的命名链接。

RDF 数据模型类似于经典的概念建模方法(例如实体关系或类图)，基于这样一种思想，用主谓宾的形式表达关于资源（特别是 Web 资源）的语句，即三元组。主语表示资源，谓语表示资源的特征或方面，宾语表示主语和谓语之间的关系。RDF 是一个抽象模型，具有几种序列化格式（本质上是专门的文件格式），此外，资源或三元组的特定编码可能因格式而异。RDF 语句的集合本质上表示一个有标记的有向图，这使 RDF 数据模型比其他关系模型或本体模型更适合知识表示。

SPARQL 是 RDF 的查询语言，是用于数据库的语义查询语言，能够检索和操作 RDF 数据，被万维网联盟的 RDF 数据访问工作组制定为标准，并被公认为语义 Web 的关键技术之一。2008 年 1 月 15 日，SPARQL 1.0 被 W3C 确认为官方推荐；2013 年 3 月，SPARQL 1.1 被确认为官方推荐。

SPARQL 是一种类似结构化查询语言数据库（structured query language server database，SQL）的查询语言，用于从 RDF 数据集和链接的开放数据中查询数据，可以执行 SQL 所能执行的所有查询，还可以用于语义分析和关系分析。SPARQL 既可以对非结构化数据的数据集进行分析，又可以对结构化数据的数据集进行分析，由 W3C 标准委员会设计，用于对语义网络或语义 Web 进行分析。

2.2.2 RDF 的基本思想

RDF 的基本概念是资源、属性、陈述。

（1）资源。资源可以是一个对象，也可以是一个事物。每个资源都有一个统一资源标识符（uniform resource identifier，URI），其中，URI 可以是 URL（uniform resource locator，统一资源定位符），也可以是其他形式的唯一标识符，可以直接到达资源，也可以不直接到达资源，不仅可以表示网络地址，还可以标记其他对象。

（2）属性。属性描述资源之间的关系，是一类特殊的资源，用 URI 标识，解决了分布式数据表示的同名问题。

（3）陈述。陈述用于描述资源的属性，一个陈述可以表示为“对象—属性—值”三元组，是由对象、属性和值构成的，其中，值可以是资源，也可以是文字。陈述的解释可以是基于定义的，可以是基于图的，也可以是基于 XML 的。RDF 中可以对陈述进行陈述，即描述另一个陈述的陈述，通过具体化机制达成。

2.2.3 RDF Schema 的基本思想

RDF 是与领域无关的，没有定义任何领域的语义，允许用户使用自己的词汇描述资源，并借助 RDF Schema(RDFS)完成。

(1)类和属性。描述特定领域需要明确被描述的对象，例如，是个体对象还是定义对象类型的类(class)。类是元素的集合，属于类的个体对象称为这个类的实例(instance)，使用 rdf：type 规范实例和类之间的关系。类的作用之一是使用模式(schema)对 RDF 文档加以约束。

(2)类层次结构和继承。类和类之间存在关系，比如子类(subclass)和父类(superclass)。如果类 *A* 的所有实例都是类 *B* 的实例，则 *A* 是 *B* 的子类，*B* 是 *A* 的父类。例如，“工程师”是“职工”的子类，“职工”是“工程师”的父类。子类关系和父类关系定义了类的层次结构，RDF Schema 并不要求所有类都具有严格的层次结构，一个类可以有多个父类。类也可以继承，例如，一个类有值域限制，并且没有某个相关的陈述，通常不是采用加入这条陈述，而是采用继承的方式达到目的。

(3)属性层次结构。RDFS 不仅可以定义类和类之间的层次关系，也可以定义属性和属性之间的层次关系。例如，“测试”是“开发”的子属性，即某人测试了某个项目，则这个人也开发了这个项目，但反之未必成立。

(4)表达能力的局限性。RDF Schema 还有很多特性不支持，包括属性的局部辖域、类不相交性、基数约束、属性的特殊性质等。在属性的局部辖域方面，rdfs：range 为属性定义的值域是相对于所有类的，无法定义只适用于某些类的值域限制；在类不相交性方面，RDFS 只可以规定类和类之间的子类关系；在基数约束方面，RDFS 不能对属性不同取值的个数加以约束；在属性的特殊性质方面，RDFS 不能规定属性的传递性、唯一性以及逆属性等。

2.2.4 SPARQL 的基本思想

SPARQL 是由 W3CRDF 数据访问工作组开发的访问 RDF 的协议和查询语言。作为查询语言，SPARQL 是面向数据的，因为它只查询存储在模型中的信息，在查询语言中没有演绎。

SPARQL 查询的是 RDF 图，RDF 图是一组三元组，SPARQL 允许用户针对松散的称为“键值”的数据(或者更具体地说，遵循 W3C 的 RDF 规范的数据)编写查询。因此，整个数据库是一组“主体—谓词—对象”三元组。

在 SQL 关系数据库术语中，RDF 数据也可以被认为是一个有三列的表：主题列、谓词列和对象列。RDF 中的 subject 类似于 SQL 数据库中的实体，其中给定业务对象的数据元素(或字段)放置在多个列中，有时分布在多个表中，并由唯一键标识。在 RDF 中，这些字段被表示为单独的谓词/对象行，共享相同的主题，通常是相同的唯一键；谓词类似于列名；对象类似于实际数据。与关系数据库不同，object 列是异构的，即每个单元格的数据类型通常由谓词值隐含(或在本体中指定)。与 SQL 不同的是，RDF 每个谓词可以有多个条目，例如，一个“person”可以有多个“child”条目，并且可以返回此类对象的集合，比如“children”。

SPARQL 为本质上是数据的模式提供了一整套分析查询操作，如连接、排序、聚合，不需要单独的模式定义。然而，模式信息(本体)通常是外部提供的，允许明确地连接不同的数据集。此外，SPARQL 为图数据提供了特定的图遍历语法。

SPARQL 的查询方式包括选择查询(select)、构造查询(construct)、询问查询(ask)、描述查询(describe)。选择查询用于从 SPARQL 端点提取原始值，结果以表格形式返回；构造查询用于从 SPARQL 端点提取信息并将结果转换为有效的 RDF；询问查询用于为 SPARQL 端点上的查询提供简单的 true/false 结果；描述查询用于从 SPARQL 端点提取 RDF 图，其内容由端点根据维护者认为有用的信息来决定。这些查询中的每一个都可以使用 WHERE 来限制查询，WHERE 是可选的。

2.3 时空数据相关知识

2.3.1 时空数据概述

时态数据库(temporal database)存储与时间实例相关的数据，提供时态数据类型并存储与过去、现在和未来时间相关的信息。时态数据库可以是单时态、双时态或三时态。更具体地说，时间方面通常包括有效时间、事务时间和决策时间：有效时间是一个事实在现实世界中为真的时间段；事务时间是在数据库中记录一个事实的时间；决策时间是对事实做出决定的时间。时态数据库通过提供以下一个或多个特性来支持其管理和访问：① 时间区间数据类型，包括表示没有结束（无限或永远）的时间区间的能力；② 定义有效和事务时间段属性以及双时态关系的能力；③ 系统维护的事务时间；④ 时态主键，包括不重叠的周期约束；⑤ 时间约束，包括非重叠唯一性和引用完整性；⑥ 具有时间段自动拆分和合并的时态记录的更新和删除；⑦ 当前时间、过去或未来时间点或持续时间内的时态查询；⑧ 用于查询时间段的谓词，通常基于 Allen 区间关系[90]。

空间数据库（spatial database）存储与空间实例相关的数据，是一种通用数据库，可以表示几何空间中定义的对象的空间特征。大多数空间数据库可以表示简单的几何对象，例如点、线和区域；还有一些空间数据库可以处理更复杂的结构，例如 3D 对象、拓扑覆盖、线性网络和三角不规则网络等。虽然典型的空间数据库已经发展到管理各种数字和字符类型的数据，但这些空间数据库需要通过添加几何或特征数据类型来有效地处理空间数据类型。空间数据库可以执行各种各样的空间操作：① 空间测量。计算直线长度、空间区域面积、空间对象之间的距离等。② 空间功能。修改现有特征以创建新特征。③ 空间谓词。允许对空间对象之间的空间关系进行 true/false 查询。④ 几何构造函数。创建新的几何，通常通过指定定义形状的顶点（点或节点）。⑤ 观察者函数。返回关于某个特征的特定信息的查询。

时空数据库（spatio-temporal database）是时态数据库和空间数据库的扩展，包含时间、空间和时空数据库概念，捕获数据在时间和空间方面处理随时间变化的几何形状和/或在不变几何上移动的对象的位置，可以捕获时空对象的时态属性和空间属性。时空数据库是同时管理时间信息和空间信息的数据库，包括：① 跟踪运动物体，通常在给定时间只能占据单个位置；② 一种无线通信网络的数据库，其在一个地理区域内可能只存在一个短的时间区间；③ 一个特定地理区域，随着时间的推移，该区域可能引入更多状态，现有的状态可能会迁移或消亡；④ 板块构造活动的历史追踪。

时空数据（spatio-temporal data）是包含时间特征和空间特征的数据，指随着时间变化空间属性也变化的数据。根据随时间变化的特点，时空数据的变化可以是连续变化，也可以是离散变化。根据时空对象的内部结构，时空数据的变化分为时空对象的标识随时间的变化而变化和时空对象的属性随时间的变化而变化。除去现实不存在的变化，在时空变化描述中，包括离散标识变化、离散属性变化和连续属性变化。时空数据的变化具有时间性、空间性、多维性、复杂性等特点。例如，时间性指时空数据的变化与时间属性相关；空间性指时空数据的变化与空间属性相关；多维性指时空数据的变化所在的二维或三维坐标系维度；复杂性指时空数据的变化涉及时间因素、空间因素或者两者中更细微的因素。对于单个时空对象随时间变化的时空变化过程包括出现、消失、保持不变、膨胀、收缩、变形、移动、旋转，如图 2.1 所示。多个时空对象随时间变化的时空变化过程包括分裂、合并、重组，如图 2.2 所示。

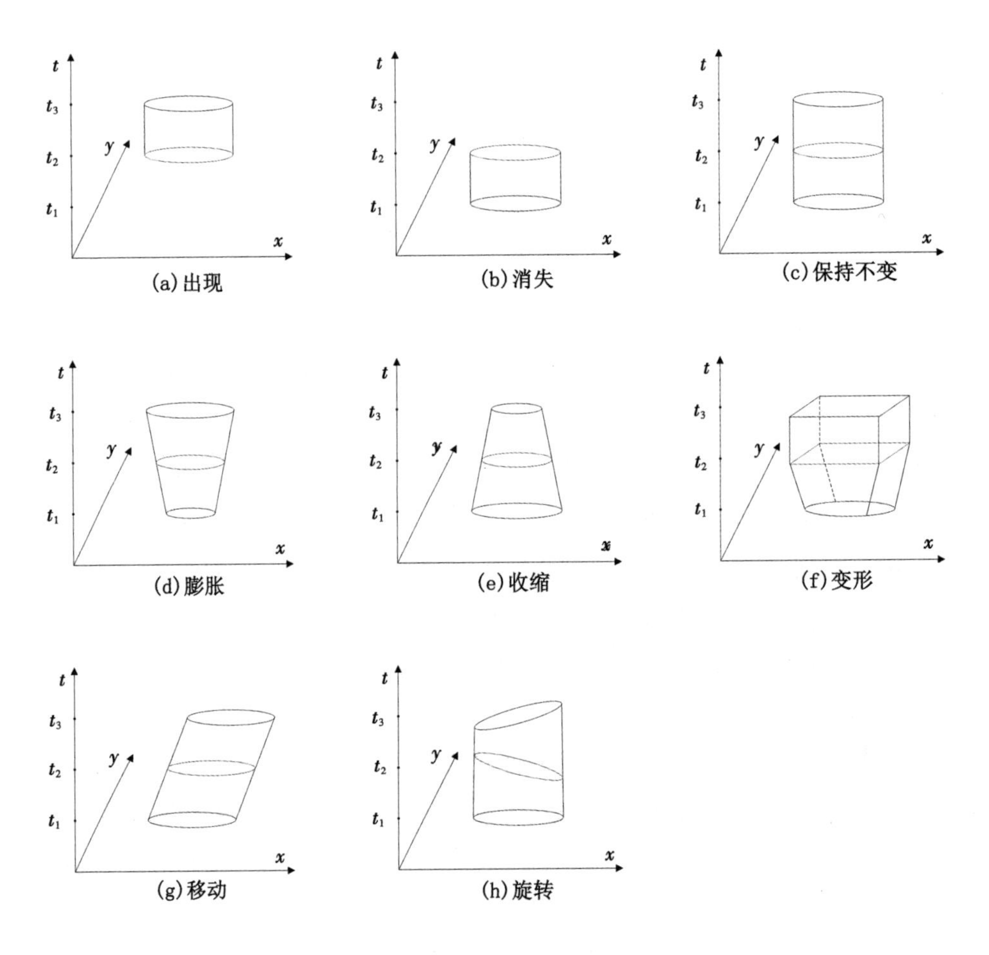

图 2.1　单个时空对象的时空变化过程图

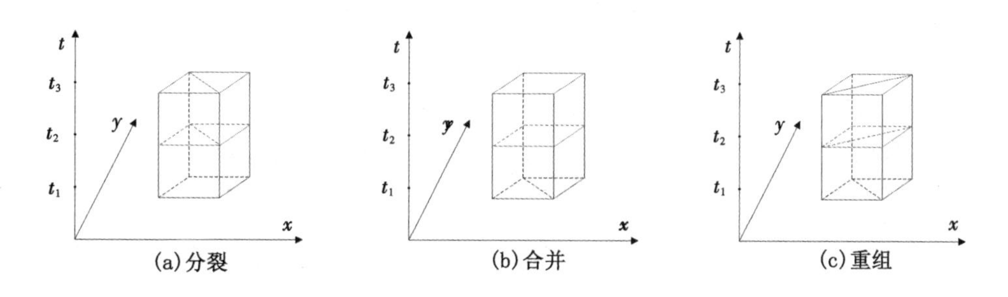

图 2.2　多个时空对象的时空变化过程图

数据模型提供了一种由描述数据的符号和操作这些数据的一组操作组成的形式，它从现实中抽象出来，并提供了一个数据的广义视图，表示现实世界的特定和有界范围。在数据库的上下文中，数据模型描述数据库的组织，即结构。在复杂对象的上下文中，数据模型描述了由数据类型、操作和谓词组成的类型系统，时空数据模型属于第二类。时空数据模型表示空间对象随时间演化的数据模型，如前文所述，这些演化可以是离散的，即不时发生(例如地块边界的变化)，也可以是连续的，即永久平稳地发生(例如飓风的毁灭性轨迹)。时空数据模型是一种时间语义和空间语义有机结合的完整数据模型，具有的功能包括：① 能够表示时空数据中时间属性和空间属性的数据类型和相应的拓扑语义；② 能够表示时空数据中的时间属性操作和空间属性操作；③ 能够表示某个时间点或时间区间的空间位置信息；④ 能够描述空间属性随时间的变化而变化，其中，属性的变化可以是离散的也可以是连续的；⑤ 能够表示时空对象的时间属性和空间属性；⑥ 能够关联时间属性到时空对象中；⑦ 能够关联空间属性到时空对象中；⑧ 能够表示时空对象与时空对象之间随着时间的变化而变化的内联关系；⑨ 能够表示时空对象与时空对象之间随着时间的变化而变化的拓扑关系；⑩ 能够表达时空数据模型的完整性约束。

2.3.2　时空数据类型

时空数据包含时间属性和空间属性，其中，时间属性包括时间点和时间区间，空间属性包括空间点、空间线和空间区域。

在时空数据的时间属性方面，时间点指时间轴上某个特定的时间点，时间区间是由两个这样的时间点(端点)之间的一系列时间点组成的。

定义 2.1　时空数据中时间属性的时间点可以表示为 Time $t(t_s, t_e)$，其中

t_s和t_e表示该时间区间的起始时间和终止时间，且$t_s=t_e$。

定义 2.2 时空数据中时间属性的时间区间可以表示为 Time $t(t_s, t_e)$，其中t_s和t_e表示该时间区间的起始时间和终止时间，且$t_s<t_e$。

时空数据中时间属性的时间点如图 2.3(a)所示，时间区间如图 2.3(b)所示。

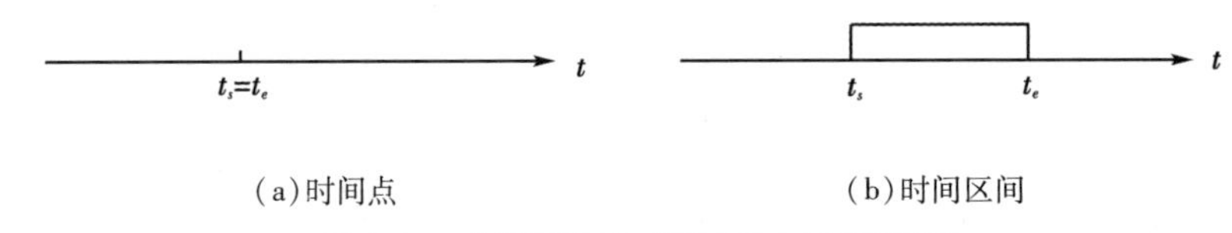

(a)时间点 (b)时间区间

图 2.3 时间属性的时间点和时间区间图

在时空数据的空间属性方面，空间点表示二维空间坐标上的某个点；空间线是由两个这样的空间点(端点)之间的一系列空间点组成的；空间区域由若干个同一平面的空间线组成，表示一个简单的多边形空间区域。空间点、空间线以及空间区域的定义如下，其中，空间区域使用逆时针有向三角形近似表示[91]。

定义 2.3 时空区域中的空间点可以表示为 Point $p(x, y)$，其中，x 和 y 是这个空间点的横坐标和纵坐标。

定义 2.4 时空区域中的空间线可以表示为 Line $l\langle p_1, p_2\rangle$，其中 Point $p_1(x, y)$和 Point $p_2(x, y)$是该空间线的两个端点。

定义 2.5 如果 $x(p_1)=\min\{x(p_1), x(p_2), x(p_3)\}\wedge y(p_1)=\min\{y(p_1), y(p_2), y(p_3)\}\wedge\begin{vmatrix}x_1 & y_1 & 1\\ x_2 & y_2 & 1\\ x_3 & y_3 & 1\end{vmatrix}>0$，则时空区域中的空间区域可以表示为 Triangle $t\langle p_1, p_2, p_3\rangle$，其中 Point $p_1(x, y)$，Point $p_2(x, y)$，Point $p_3(x, y)$是三角形区域的逆序端点。

时空数据中空间属性的空间点如图 2.4(a)所示，空间线如图 2.4(b)所示，空间区域如图 2.4(c)所示。

定义 2.5 中的三角形称为逆时针有向三角形(counter-clock-wisely directed triangle)，任意时空数据的空间区域都可以使用逆时针有向三角形近似表示，如定义 2.6 所述。

定义 2.6 对于时空对象的空间区域，如果 $x(p_1)=\min\{x(p_1), x(p_2),$

图 2.4　空间属性的空间点、空间线和空间区域图

$\cdots, x(p_n)\} \wedge y(p_1) = \min\{y(p_1), y(p_2), \cdots, y(p_n)\}$，则空间区域为 Region $r\langle p_1, p_2, \cdots, p_n\rangle$，其中 $p_1(x, y), p_2(x, y), \cdots, p_n(x, y)$ 是空间区域的逆序端点。

2.3.3 时空拓扑语义

时空数据包含时间属性和空间属性，其中，时间属性包括时间点和时间区间，空间属性包括空间点、空间线和空间区域（如上小节所述，本小节的空间区域使用逆时针有向三角形近似表示[91]）。本小节分别从时间属性方面和空间属性方面分别介绍时空数据的时空拓扑语义。

在时空数据的时间属性方面，时间点与时间点之间的拓扑关系包括 Equal 和 Disjoint；时间点与时间区间之间的拓扑关系包括 Before，Start，During，Finish，After；时间区间与时间区间之间的拓扑关系根据 Allen 区间关系[90]包括 Before，Equal，Meet，Overlap，During，Start，Finish。

定义 2.7　若存在两个时间点 Time $t_1(t_s, t_e)$ 和 Time $t_2(t_s, t_e)$，则这两个时间点之间的拓扑关系为：

- Equal(Time t_1, Time t_2)：当 $t_1(t_s) = t_2(t_s)$ 且 $t_1(t_e) = t_2(t_e)$ 时。
- Disjoint(Time t_1, Time t_2)：当 $t_1(t_s) \neq t_2(t_s)$ 且 $t_1(t_e) \neq t_2(t_e)$ 时。

两个时间点之间的拓扑关系如图 2.5 所示，图 2.5(a) 和图 2.5(b) 分别表示 Equal 和 Disjoint。

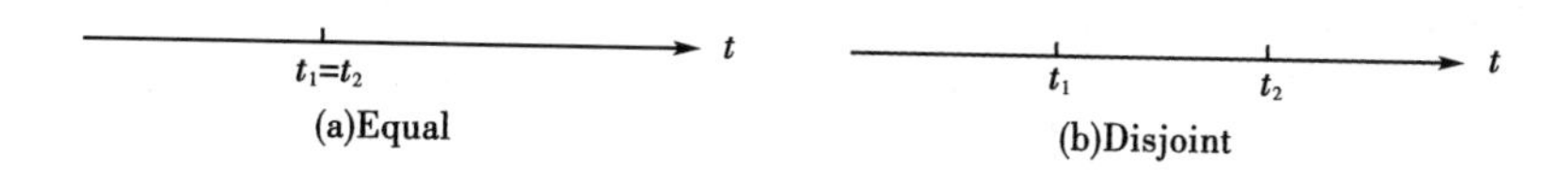

图 2.5　两个时间点之间的拓扑关系图

定义 2.8　若存在一个时间点 Time $t_1(t_s, t_e)$ 和一个时间区间 Time $t_2(t_s$,

t_e)，则这个时间点和这个时间区间之间的拓扑关系为：

- Before(Time t_1, Time t_2)：当 $t_1(t_s)=t_1(t_e)<t_2(t_s)<t_2(t_e)$ 时。
- Start(Time t_1, Time t_2)：当 $t_1(t_s)=t_1(t_e)=t_2(t_s)<t_2(t_e)$ 时。
- During(Time t_1, Time t_2)：当 $t_2(t_s)<t_1(t_s)=t_1(t_e)<t_2(t_e)$ 时。
- Finish(Time t_1, Time t_2)：当 $t_2(t_s)<t_1(t_s)=t_1(t_e)=t_2(t_e)$ 时。
- After(Time t_1, Time t_2)：当 $t_2(t_s)<t_2(t_e)<t_1(t_s)=t_1(t_e)$ 时。

时间点与时间区间之间的拓扑关系如图 2.6 所示，图 2.6(a)表示 Before、图 2.6(b)表示 Start、图 2.6(c)表示 During、图 2.6(d)表示 Finish、图 2.6(e)表示 After。

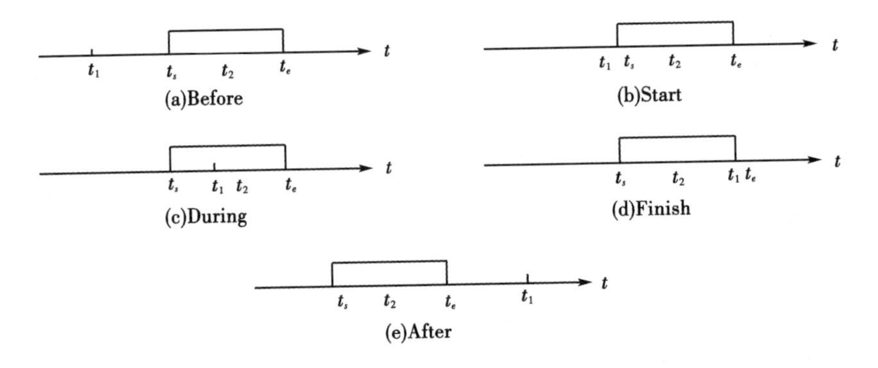

图 2.6　时间点与时间区间之间的拓扑关系图

定义 2.9　若存在两个时间区间 Time $t_1(t_s, t_e)$ 和 Time $t_2(t_s, t_e)$，则这两个时间区间之间的拓扑关系为：

- Before(Time t_1, Time t_2)：当 $t_1(t_s)<t_1(t_e)<t_2(t_s)<t_2(t_e)$ 时。
- Equal(Time t_1, Time t_2)：当 $t_1(t_s)=t_2(t_s)$ 且 $t_1(t_e)=t_2(t_e)$ 时。
- Meet(Time t_1, Time t_2)：当 $t_1(t_s)<t_1(t_e)=t_2(t_s)<t_2(t_e)$ 时。
- Overlap(Time t_1, Time t_2)：当 $t_1(t_s)<t_2(t_s)<t_1(t_e)<t_2(t_e)$ 时。
- During(Time t_1, Time t_2)：当 $t_2(t_s)<t_1(t_s)<t_1(t_e)<t_2(t_e)$ 时。
- Start(Time t_1, Time t_2)：当 $t_1(t_s)=t_2(t_s)<t_1(t_e)<t_2(t_e)$ 时。
- Finish(Time t_1, Time t_2)：当 $t_2(t_s)<t_1(t_s)<t_1(t_e)=t_2(t_e)$ 时。

两个时间区间之间的拓扑关系如图 2.7 所示，图 2.7(a)表示 Before、图 2.7(b)表示 Equal、图 2.7(c)表示 Meet、图 2.7(d)表示 Overlap、图 2.7(e)表示 During、图 2.7(f)表示 Start、图 2.7(g)表示 Finish。

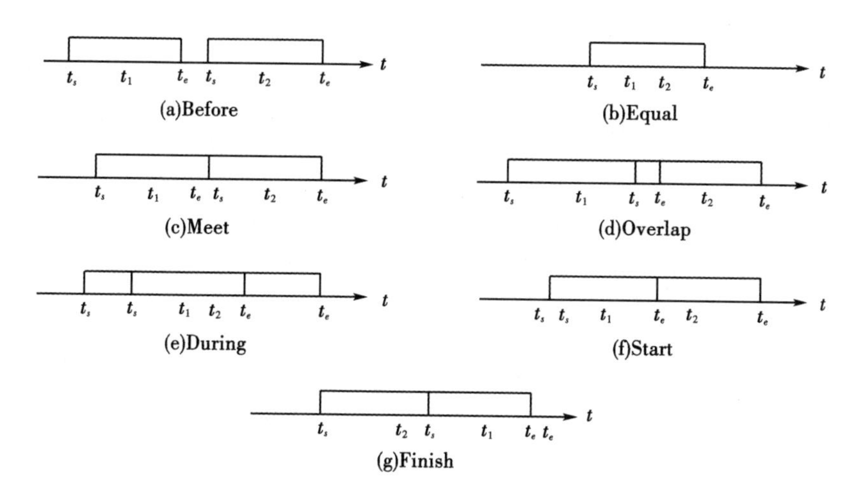

图 2.7 两个时间区间之间的拓扑关系图

在时空数据的空间属性方面，空间点与空间点之间的拓扑关系包括 Equal 和 Disjoint；空间点与空间线之间的拓扑关系包括 Contain，Meet，Disjoint；空间线与空间线之间的拓扑关系包括 Intersect，Equal，Contain，Overlap，Meet，Disjoint；空间点与空间区域之间的拓扑关系包括 Contain，Meet，Disjoint；空间线与空间区域之间的拓扑关系包括 Contain，Intersect，Disjoint；空间区域与空间区域之间的拓扑关系包括 Equal，Contain，Overlap，Meet，Disjoint。

定义 2.10 若存在两个空间点 Point $p_1(x, y)$ 和 Point $p_2(x, y)$，则这两个空间点之间的拓扑关系为：

- Equal(Point p_1, Point p_2)：当 $(x(p_1)=x(p_2))\wedge(y(p_1)=y(p_2))$ 时。
- Disjoint(Point p_1, Point p_2)：当 $(x(p_1)\neq x(p_2))\vee(y(p_1)\neq(y(p_2))$ 时。

两个空间点之间的拓扑关系如图 2.8 所示，图 2.8(a)表示 Equal、图 2.8(b)表示 Disjoint。

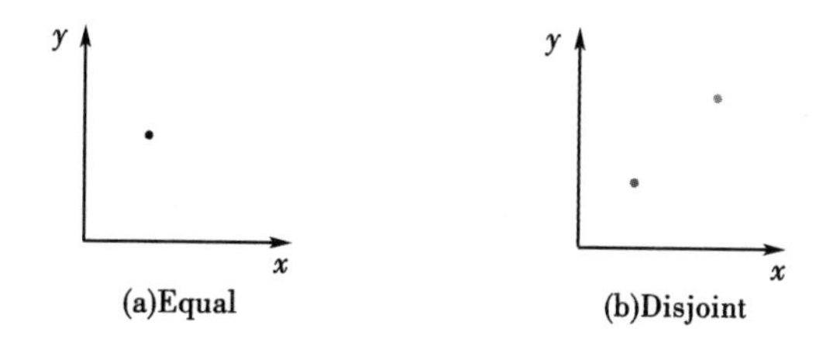

图 2.8 两个空间点之间的拓扑关系图

定义 2.11 若存在一个空间点 Point $p(x, y)$ 和一个空间线 Line $l=\langle p_1,$

$p_2\rangle$，则这个空间点和空间线之间的拓扑关系为：

- Contain(Line l, Point p)：当 $\begin{vmatrix} x_1(l) & y_1(l) & 1 \\ x_2(l) & y_2(l) & 1 \\ x(p) & y(p) & 1 \end{vmatrix} = 0 \wedge \{\min\{x_1(l), x_2(l)\} < x(p) < \max\{x_1(l), x_2(l)\}\}$ 时。
- Meet(Line l, Point p)：当 Equal(p, p_1)∨Equal(p, p_2)时。
- Disjoint(Line l, Point p)：当 $\begin{vmatrix} x_1(l) & y_1(l) & 1 \\ x_2(l) & y_2(l) & 1 \\ x(p) & y(p) & 1 \end{vmatrix} <> 0$ ∧Left(Point p, Line l) if $\begin{vmatrix} x_1(l) & y_1(l) & 1 \\ x_2(l) & y_2(l) & 1 \\ x(p) & y(p) & 1 \end{vmatrix} > 0$ ∧Right(Point p, Line l) if $\begin{vmatrix} x_1(l) & y_1(l) & 1 \\ x_2(l) & y_2(l) & 1 \\ x(p) & y(p) & 1 \end{vmatrix} < 0$ 时。

空间点与空间线之间的拓扑关系如图 2.9 所示，图 2.9(a)表示 Contain、图 2.9(b)和图 2.9(c)表示 Meet、图 2.9(d)表示 Disjoint。

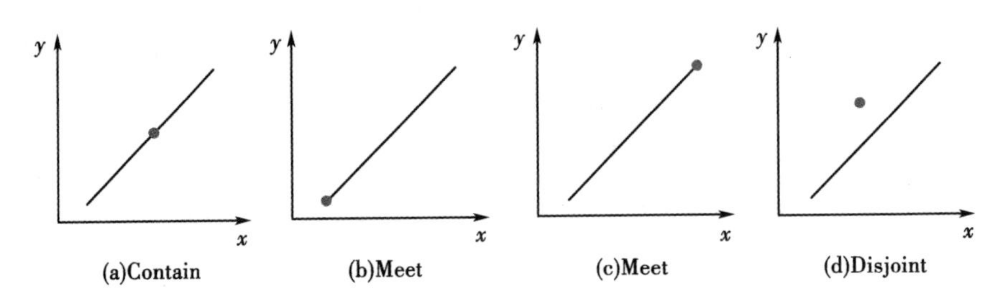

图 2.9　空间点与空间线之间的拓扑关系图

定义 2.12　若存在两个空间线 Line $l_1=\langle p_1, p_2\rangle$ 和 Line $l_2=\langle p_3, p_4\rangle$，则这两个空间线之间的拓扑关系为：

- Intersect(Line l_1, Line l_2)：当[(Left(p_1, l_2)∧Right(p_2, l_2))∨(Left(p_2, l_2)∧Right(p_1, l_2))]∧[(Left(p_3, l_1)∧Right(p_4, l_1))∨(Left(p_4, l_1)∧Right(p_3, l_1))]时。
- Equal(Line l_1, Line l_2)：当 Meet(p_1, l_2)∧Meet(p_2, l_2)时。
- Contain(Line l_1, Line l_2)：当(Contain(l_1, p_3)∧¬ Disjoint(p_4, l_1))∨(Contain(l_1, p_4)∧¬ Disjoint(p_3, l_1))时。
- Overlap(Line l_1, Line l_2)：当(Contain(l_1, p_3)∨Contain(l_1, p_4))∧Contain(l_2, p_1)∨Contain(l_2, p_2))时。

• Meet(Line l_1, Line l_2)：当(Contain(l_1, p_3)∨Contain(l_1, p_4)∨Contain(l_2, p_1)∨Contain(l_2, p_2)∨Meet(l_1, p_3)∨Meet(l_1, p_4)∨Meet(l_2, p_1)∨Meet(l_2, p_2))∧¬(Equal(l_1, l_2)∨Contain(l_1, l_2)∨Contain(l_2, l_1)∨Overlap(l_2, l_1))时。

• Disjoint(Line l_1, Line l_2)：当 Disjoint(p_1, l_2)∧Disjoint(p_2, l_2)∧Disjoint(p_3, l_1)∧Disjoint(p_4, l_1)∧¬(Intersect(l_1, l_2)∨Contain(l_1, l_2)∨Contain(l_2, l_1))时。

两个空间线之间的拓扑关系如图 2.10 所示，图 2.10(a)表示 Intersect、图 2.10(b)表示 Equal、图 2.10(c)表示 Contain、图 2.10(d)表示 Overlap、图 2.10(e)表示 Meet、图 2.10(f)表示 Disjoint。

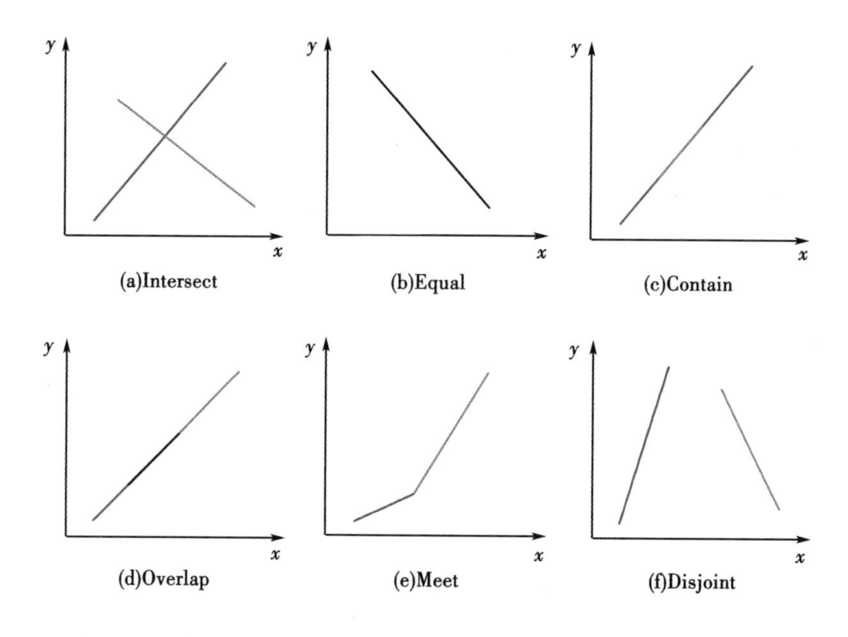

图 2.10 两个空间线之间的拓扑关系图

定义 2.13 若存在一个空间点 Point $p(x, y)$和一个空间区域 Triangle $t=\langle p_1, p_2, p_3\rangle$，则这个空间点和这个空间区域之间的拓扑关系为：

• Contain(Triangle t, Point p)：当 Contain(l_1, p)∨Contain(l_2, p)∨Contain(l_3, p)时。

• Meet(Point p, Triangle t) | Meet(Triangle t, Point p)：当 Meet(p, l_1)∨Meet(p, l_2)∨Meet(p, l_3)∨Contain(l_1, p)∨Contain(l_2, p)∨Contain(l_3, p)时。

• Disjoint(Point p, Triangle t) | Disjoint(Triangle t, Point p)：当¬((Left(p, l_1)∧Left(p, l_2)∧Left(p, l_3))∨(Right(p, l_1)∧Right(p, l_2)∧Right(p,

l_3)))时。

空间点和空间区域之间的拓扑关系如图 2. 11 所示，图 2. 11(a)表示 Contain、图 2. 11(b)表示 Meet、图 2. 11(c)表示 Disjoint。

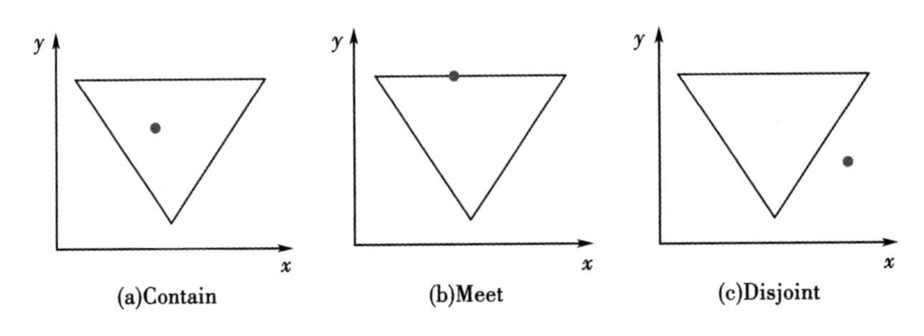

图 2. 11　空间点与空间区域之间的拓扑关系图

定义 2. 14　若存在一个空间线 Line $l=\langle p_1, p_2\rangle$ 和一个空间区域 Triangle $t=\langle p_1, p_2, p_3\rangle$，则这个空间线和空间区域之间的拓扑关系为：

- Contain(Triangle t, Line l)：当(Contain(t, p_1)∧¬ Disjoint(t, p_2))∨(Contain(t, p_2)∧¬ Disjoint(t, p_1))时。
- Intersect(Triangle t, Line l) | Intersect(Line l, Triangle t)：当(Contain(t, p_1)∧Disjoint(t, p_2))∨(Contain(t, p_2)∧Disjoint(t, p_1))时。
- Disjoint(Triangle t, Line l) | Disjoint(Line l, Triangle t)：当 Disjoint(t, p_1)∧Disjoint(t, p_2)时。
- Meet(Triangle t, Line l)：当(Meet(t, p_1)∧Disjoint(t, p_2))∨(Meet(t, p_2)∧Disjoint(t, p_1))时。

空间线和空间区域之间的拓扑关系如图 2. 12 所示，图 2. 12(a)表示 Contain、图 2. 12(b)表示 Intersect、图 2. 12(c)表示 Disjoint、图 2. 12(d)表示 Meet。

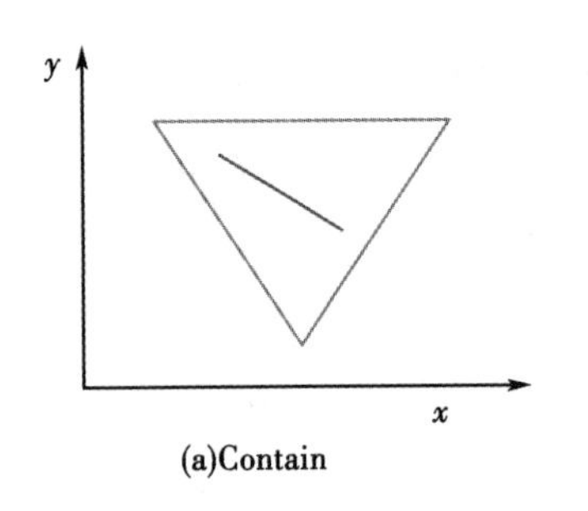

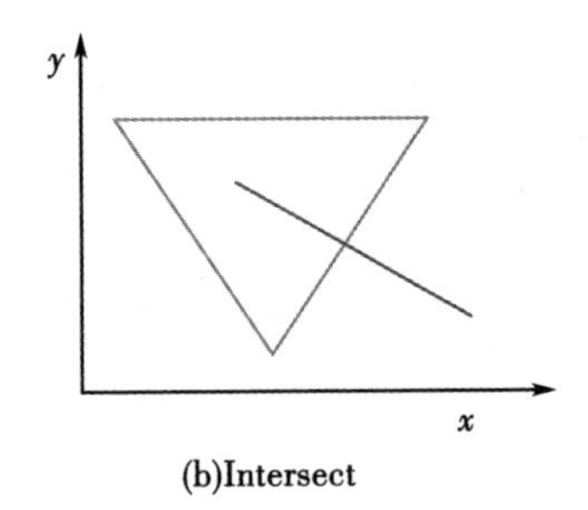

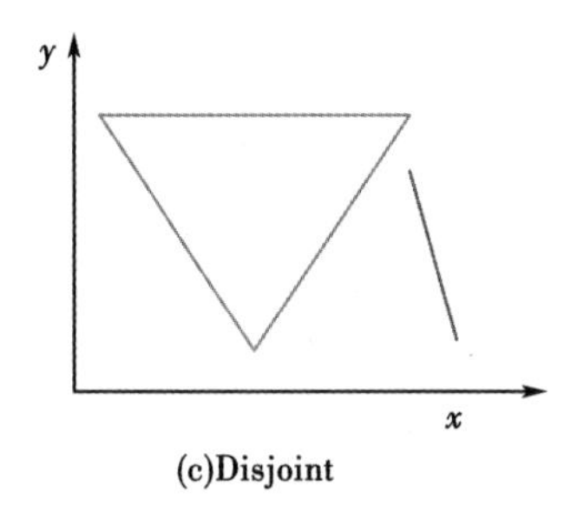

(c)Disjoint

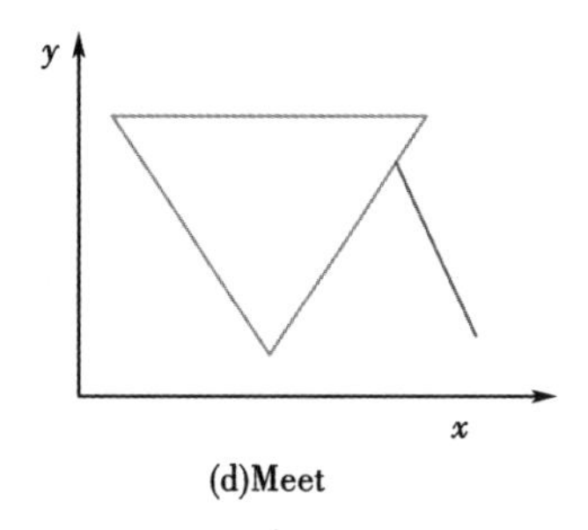

(d)Meet

图 2.12 空间线与空间区域之间的拓扑关系图

定义 2.15 若存在两个空间区域 Triangle $t_1=\langle p_1, p_2, p_3\rangle$ 和 Triangle $t_2=\langle p_4, p_5, p_6\rangle$，其中：$l_1=\langle p_1, p_2\rangle$，$l_2=\langle p_2, p_3\rangle$，$l_3=\langle p_3, p_1\rangle$，$l_4=\langle p_4, p_5\rangle$，$l_5=\langle p_5, p_6\rangle$，$l_6=\langle p_6, p_4\rangle$，则这两个空间区域之间的拓扑关系为：

- Equal(Triangle t_1, Triangle t_2)：当 Equal(p_1, p_4)∧Equal(p_2, p_5)∧Equal(p_3, p_6)时。
- Contain(Triangle t_1, Triangle t_2)：当¬ Equal(t_1, t_2)∧(Contain(t_1, p_4)∨Meet(t_1, p_4))∧(Contain(t_1, p_5)∨Meet(t_1, p_5))∧(Contain(t_1, p_6)∨Meet(t_1, p_6))时。
- Overlap(Triangle t_1, Triangle t_2)：当 Intersect(t_1, l_1)∨Intersect(t_1, l_2)∨Intersect(t_1, l_3)时。
- Meet(Triangle t_1, Triangle t_2)：当(Meet(p_1, t_2)∨Meet(p_2, t_2)∨Meet(p_3, t_2)∨Meet(p_4, t_1)∨Meet(p_5, t_1)∨Meet(p_6, t_1))∧¬ (Equal(t_1, t_2)∨Overlap(t_1, t_2)∨Contain(t_1, t_2)∨Contain(t_2, t_1))时。
- Disjoint(Triangle t_1, Triangle t_2)：当 Disjoint(t_1, l_4)∧Disjoint(t_1, l_5)∧Disjoint(t_1, l_6)时。

两个空间区域之间的拓扑关系如图 2.13 所示，图 2.13(a)表示 Equal、图 2.13(b)表示 Contain、图 2.13(c)表示 Overlap、图 2.13(d)和图 2.13(e)表示 Meet、图 2.13(f)表示 Disjoint。

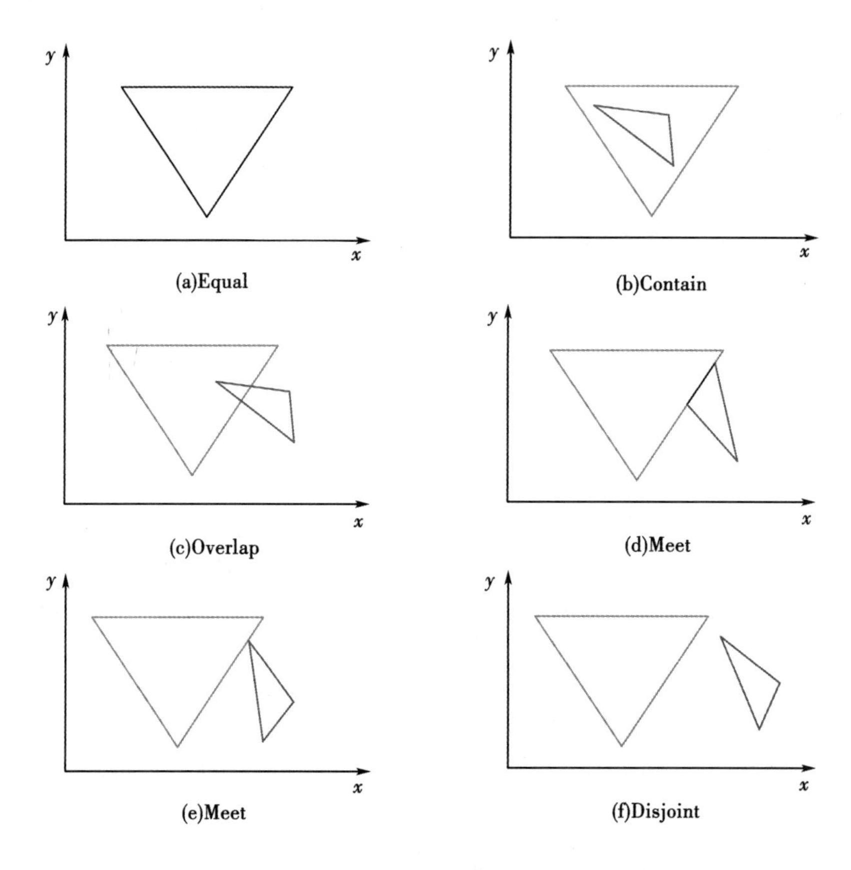

图 2.13　两个空间区域之间的拓扑关系图

2.4　本章小结

本章主要介绍了 OWL、RDF 和时空数据的相关基础知识。首先介绍了 OWL 的相关知识，包括 OWL 概述、OWL 语言、OWL 子语言。其次介绍了 RDF 的相关知识，包括 RDF 概述、RDF 的基本思想、RDF Schema 的基本思想、SPARQL 的基本思想。最后介绍了时空数据的相关知识，包括时空数据概述、时空数据类型、时空拓扑语义。本章介绍的相关基础知识为后续章节的研究提供了必要的理论基础。

3 时空数据概念模型

3.1 引　言

时空数据的建模及查询是时空数据管理中最为重要的部分之一，时空数据的管理能力主要受设计的时空数据模型影响，它构建了时空数据的表示形式、关系以及查询方式等，而时空数据模型建立的基础是时空数据概念模型。在语义 Web 中，OWL 具有很强的语义表示能力和描述能力，是研究时空数据概念模型的重要手段之一。然而，现有关于 OWL 概念模型的研究大多不包含时态特征和空间特征，从而导致基于 OWL 表达时空数据概念模型受限。为此，本章从基于 OWL 的时空数据形式化表示入手，对时空 OWL 公理类进行研究，包括时空等价类关系和时空子类关系。在此基础上，研究时空 OWL 逻辑类，包括时空不相交类、时空交集类和时空并集类。本章的研究内容为后面章节的研究提供了概念模型基础。

本章 3.1 节是引言部分；3.2 节是时空数据形式化表示；3.3 节研究时空 OWL 公理类；3.4 节研究时空 OWL 逻辑类；3.5 节是本章小结。

3.2 基于 OWL 的时空数据形式化表示

OWL 是一种描述概念之间关系的本体建模语言，其形式化定义为 $c(d, w, r)$，其中，c 表示概念化对象，d 表示定义域，w 表示与定义域相关的事物状态的集合，r 表示定义域与集合间的关系。为表示时空数据中的时空属性，首先，将时空属性添加到 $c(d, w, r)$ 中的定义域 d 中。

定义 3.1 假设存在一个 URI 集 U、一个空节点集 B、一个时态函数描述集 I 和一个空间函数描述集 S，那么具有时空属性定义域 d 的有限集为三元组 $D(d, t, s)$，其中：

- d 表示具有时空属性的定义域，且 $d \in U \cup B$。
- t 表示时空数据中的时态属性，且 $t \in I$。
- s 表示时空数据中的空间属性，且 $s \in S$。

其次，将时空属性添加到 $c(d, w, r)$ 中与定义域相关的事物状态的集合 w 中。

定义 3.2 假设存在一个 URI 集 U、一个空节点集 B、一个时态函数描述集 I 和一个空间函数描述集 S，那么具有时空属性的与定义域相关的事物状态的集合 w 的有限集为三元组 $W(w, t, s)$，其中：

- w 表示具有时空属性的集合名，且 $w \in U \cup B \cup I \cup S$。
- t 表示时空数据中的时态属性，且 $t \in I$。
- s 表示时空数据中的空间属性，且 $s \in S$。

最后，将时空属性添加到 $c(d, w, r)$ 中定义域与集合间的关系 r 中。

定义 3.3 假设存在一个 URI 集 U、一个空节点集 B、一个时态函数描述集 I 和一个空间函数描述集 S，那么具有时空属性的定义域与集合间的关系 r 的有限集为三元组 $R(r, t, s)$，其中：

- r 表示定义域与集合间的关系名，且 $r \in U$。
- t 表示时空数据中的时态属性，且 $t \in I$。
- s 表示时空数据中的空间属性，且 $s \in S$。

根据定义 3.1、定义 3.2 以及定义 3.3，可以得到时空数据的形式化表示。

定义 3.4 基于 OWL 的时空数据可表示为 $C(D, W, R)$，其中：

- D 表示具有时空属性的定义域。
- W 表示具有时空属性的与定义域相关的事物状态的集合。
- R 表示具有时空属性的定义域与集合间的关系。

在定义 3.4 中，时间属性和空间属性可以同时存在，也可以分别单独存在，即对应的 OWL 实例中可以同时包含时间属性和空间属性，也可以只包含时间属性或只包含空间属性。

定义 3.5 已知时空数据 $C(D, W, R)$，若 $f_{x\text{-}y}$ 表示从 x 到 y 的映射，且 $Range(f_{x\text{-}y})$ 为 y，那么，时空数据 C 可表示为标记图 $C^*(N, E, F)$，其中：

• N 是节点集，并且 $N=D\cup Range(U)$。

• E 是边集，并且当 c_1，$c_2\in N$ 时，$E=(c_1, c_2)$。

• F 是边标记函数，并且 $F(c_1, c_2)=\{f|(c_1, f, c_2)\in C^*\}$，其中 c_1，$c_2\in N$。

定义 3.6 如果 $D(d, t, s)$，$W(w, t, s)$，$R(r, t, s)$ 为具有时空属性的三元组，则时空数据中的时态属性 t 可表示为 $T=f(Z, N, k)$，其中：

• Z 表示 D，W 或 R 所在的时区。

• N 表示时间区间，$N=[t_{s(f)}, t_{e(f)}]$，其中 $t_{s(f)}$ 表示 D，W 或 R 的开始时间，$t_{e(f)}$ 表示 D，W 或 R 的结束时间。

• k 表示参考时间，$k=t_{n(f)}$。

值得注意的是，D，W 或 R 可能存在只含有开始时间不含有结束时间的情况，为了表示这种情况下的时间区间，可以通过参考时间表示。

例 3.1 2007 年 10 月 26 日，网易新闻发布了一条报道：港珠澳大桥于 2009 年 12 月 15 日动工建设，于 2017 年 7 月 7 实现主体工程全线贯通。则根据以上信息可以得出，$T=f$(东八区，[2009 年 12 月 15 日，2017 年 7 月 7 日]，2007 年 10 月 26 日)。

定义 3.7 如果 $D(d, t, s)$，$W(w, t, s)$，$R(r, t, s)$ 为具有时空属性的三元组，则时空数据中的空间属性 s 可表示为 $S=f(J, W, H, O)$，其中：

• $J=(J_{s(f)}, J_{e(f)})$，并且 $J_{s(f)}$ 和 $J_{e(f)}$ 都属于(0°，180°E)∪(0°，180°W)，分别代表开始经度和结束经度。

• $W=(W_{s(f)}, W_{e(f)})$，并且 $W_{s(f)}$ 和 $W_{e(f)}$ 都属于(0°，90°N)∪(0°，90°S)，分别代表开始纬度和结束纬度。

• H 表示距海平面的平均海拔高度。

• O 表示 D，W 或 R 的区域名称。

例 3.2 平均海拔 50 m 的沈阳市位于(122. 42°E~123. 81°E)，(41. 2°N~43. 04°N)。因此，沈阳市的空间属性 s 可表示为 $S=f$((122. 42°E~123. 81°E)，(41. 2°N~43. 04°N)，50 m，沈阳)。

如前文所提到的，时间属性和空间属性可以同时存在，也可以分别单独存在，即对应的 OWL 实例中可以同时包含时间属性和空间属性，也可以只包含时间属性或只包含空间属性。因此，可以将 OWL 实例分为四类情况：① 实例中既不包含时态属性 t，也不包含空间属性 s；② 实例中只包含时态属性 t，不

包含空间属性 s，或空间属性 s 的变化可以忽略；③ 实例中只包含空间属性 s，不包含时态属性 t，或时态属性 t 的变化可以忽略；④ 实例中既包含时态属性 t，也包含空间属性 s。以上四类情况如图 3.1 所示，其中，实线圆形表示 D 和 W，虚线圆形表示 R，这些圆形可以包含 d，w，r，时态属性 t 和空间属性 s。图 3.1(a)表示实例中既不包含时态属性 t，也不包含空间属性 s 的情况，因此，时态属性 t 和空间属性 s 的内容均为空；图 3.1(b)表示实例中只包含时态属性 t，不包含空间属性 s 或空间属性 s 的变化可以忽略的情况，因此，空间属性 s 的内容为空；图 3.1(c)表示实例中只包含空间属性 s，不包含时态属性 t 或时态属性 t 的变化可以忽略的情况，因此，时态属性 t 的内容为空；图 3.1(d)表示实例中既包含时态属性 t，也包含空间属性 s 的情况，因此，时态属性 t 和空间属性 s 的内容均不为空。

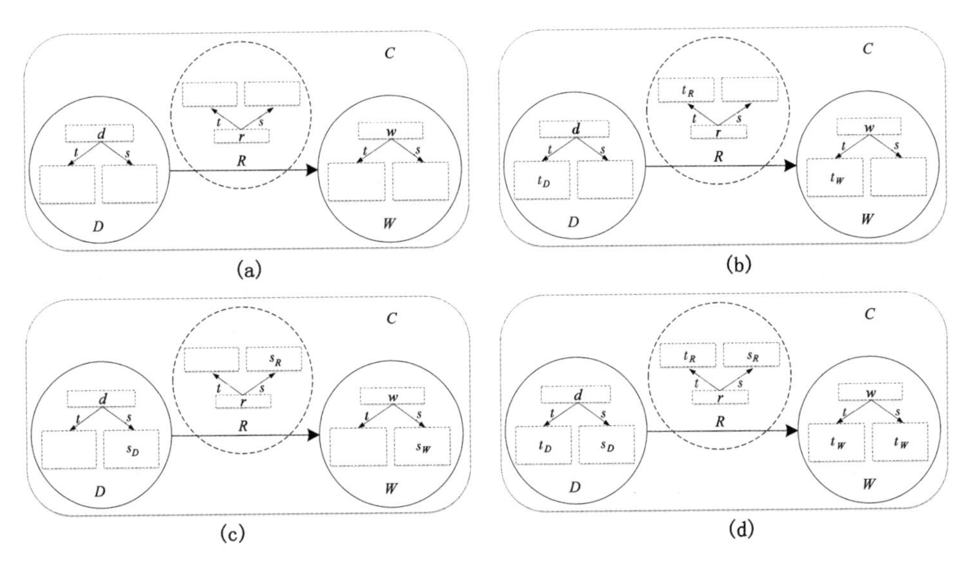

(a)　(b)　(c)　(d)

图 3.1　实例的四种情况

3.3　时空 OWL 公理类

公理类是 OWL 类关系中最基本的，分为等价类和子类。本小节基于 OWL 分别讨论时空等价类关系和时空子类关系。

3.3.1 时空等价类

定义 3.8 若存在两个时空 OWL 类 $C_A(D_A, W_A, R_A)$ 和 $C_B(D_B, W_B, R_B)$，当满足以下条件时，称 C_A 和 C_B 为时空等价类。

- $D_A = D_B$。
- $W_A = W_B$。
- $R_A = R_B$。
- $F_A(D_A, Range(U_A)) = \{f | (D_A, f, Range(U_A)) \in C_A\}$。
- $F_B(D_B, Range(U_B)) = \{f | (D_B, f, Range(U_B)) \in C_B\}$。
- $F_A = F_B$。

当 $D_A = D_B$，$W_A = W_B$，$R_A = R_B$，且当 F_A映射到 D_A的值域 U_A等于 F_B映射到 D_B的值域 U_B时，C_A和 C_B为时空等价类，如图 3.2 所示。

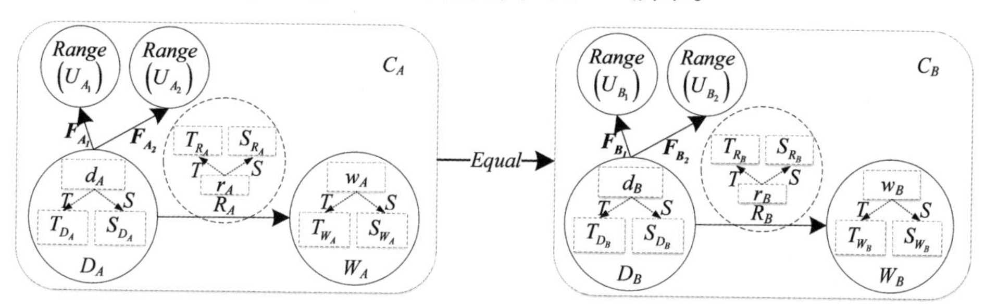

图 3.2 时空等价类

3.3.2 时空子类

定义 3.9 若两个时空数据中的时态属性为 $T_A = f(Z_A, N_A, k_A)$ 和 $T_B = f(Z_B, N_B, k_B)$，当满足以下条件时，T_B是 T_A的子时态属性，记作 $T_B \in T_A$：

- $Z_A = Z_B$。
- 当 $N_A = [t_{s_A(f)}, t_{e_A(f)}]$且 $N_B = [t_{s_B(f)}, t_{e_B(f)}]$时，$t_{s_A(f)} \leqslant t_{s_B(f)}$。
- 当 $N_A = [t_{s_A(f)}, t_{e_A(f)}]$且 $N_B = [t_{s_B(f)}, t_{e_B(f)}]$时，$t_{e_A(f)} \geqslant t_{e_B(f)}$。

当 T_A和 T_B同处一个时区时，它们的参考时间相同，若 T_A的开始时间早于 T_B且 T_A的结束时间晚于 T_B，则 T_B为 T_A的子时态属性。

例 3.3 2021 年 10 月 1 日《体育热评》报道，2021—2022 赛季 CBA 于 2021 年 10 月 16 日开始，2022 年 5 月 20 日结束，2021—2022 全明星周末将于

2022年3月26日至2022年3月27日进行。从上述信息中可以得到 $T_A=f$(东八区,[2021年10月16日,2022年5月20日],2021年10月1日),$T_B=f$(东八区,[2022年3月26日,2022年3月27日],2021年10月1日)。由于 T_A 和 T_B 的时区相同,参考时间也相同,并且 T_B 的开始时间比 T_A 的开始时间晚,同时 T_B 的结束时间比 T_A 的结束时间早,因此 T_B 的时间区间是 T_A 的时间区间的子区间。也就是说,时态属性 T_B 是时态属性 T_A 的子时态属性。

定义 3.10 若两个时空数据中的空间属性为 $S_A=f(J_A, W_A, H_A, O_A)$ 和 $S_B=f(J_B, W_B, H_B, O_B)$,当满足以下条件时,$S_B$是$S_A$的子空间属性,记作 $S_B \in S_A$:

- 当 $J_A(J_B) \in (0°, 180°E) \cup (0°, 180°W)$ 时,$J_{s_A(f)} \leqslant J_{s_B(f)}$。
- 当 $J_A(J_B) \in (0°, 180°E) \cup (0°, 180°W)$ 时,$J_{e_A(f)} \geqslant J_{e_B(f)}$。
- 当 $W_A(W_B) \in (0°, 90°N) \cup (0°, 90°S)$ 时,$W_{s_A(f)} \leqslant W_{s_B(f)}$。
- 当 $W_A(W_B) \in (0°, 90°N) \cup (0°, 90°S)$ 时,$W_{e_A(f)} \geqslant W_{e_B(f)}$。

假设 S_A和 S_B的平均海拔相等,当 S_A和 S_B同处于东经或西经,且同处于北纬或南纬,若 S_A的经度范围大于或等于 S_B的经度范围且 S_A的纬度范围大于或等于 S_B的纬度范围,则 S_B为 S_A的子空间属性。

例 3.4 辽宁省位于(118.53°E~125.46°E),(38.43°N~43.26°N),平均海拔339 m,沈阳市位于(122.42°E~123.81°E),(41.2°N~43.04°N),平均海拔50 m。从上述信息可知辽宁省 S_A 和沈阳市 S_B 的空间属性信息,其中 $S_A=f$((118.53°E, 125.46°E),(38.43°N, 43.26°N),339 m,辽宁省),$S_B=f$((122.42°E, 123.81°E),(41.2°N, 43.04°N),50 m,沈阳市)。由于S_A和S_B都处于北半球和东半球,且 S_B的经纬度范围都处于 S_A的经纬度范围之内,因此,S_B是 S_A的子空间属性。

定义3.9和定义3.10形式化定义了子时态属性和子空间属性,接下来将通过时空子域、时空子集合和时空子关系的讨论,对时空子类进行定义。

定义 3.11 若两个时空属性定义域为 $D_A(d_A, t_A, s_A)$ 和 $D_B(d_B, t_B, s_B)$,当满足以下条件时,D_B 是 D_A 的时空子域,记作 $D_B \in D_A$:

- $d_B \leqslant d_A$。
- 当 $t_A=T_A$ 且 $t_B=T_B$ 时,$t_B \in t_A$。
- 当 $s_A=S_A$ 且 $s_B=S_B$ 时,$s_B \in s_A$。

若 D_B 的时态属性是 D_A 的子时态属性,D_B 的空间属性是 D_A 的子空间属性,并且 D_A中时空属性的定义域大于 D_B 中时空属性的定义域,则 D_B 为 D_A 的时空子域。

例 3.5 若存在两个时空域 D_A 和 D_B，其中 D_A =（2021—2022CBA 赛季，f(东八区，[2021 年 10 月 16 日，2022 年 5 月 20 日，2021 年 10 月 1 日]），f((118.53°E，125.46°E)，(38.43° N，43.26° N)，339 m，辽宁省))，D_B =（2021—2022 全明星周末，f(东八区，[2022 年 3 月 26 日，2022 年 3 月 27 日]，2021 年 10 月 1 日)，f((122.42°E，123.81°E)，(41.2°N，43.04°N)，50 m，沈阳市))。根据上述信息可知，D_B 的时态属性是 D_A 的子时态属性，D_B 的空间属性是 D_A 的子空间属性，并且 D_A 中时空属性的定义域大于 D_B 中时空属性的定义域(辽宁省包含沈阳市)，因此，D_B 为 D_A 的时空子域。

定义 3.12 若存在两个具有时空属性的与定义域相关的事物状态的集合 $W_A(w_A, t_A, s_A)$ 和 $W_B(w_B, t_B, s_B)$，当满足以下条件时，W_B 是 W_A 的时空子集合，记作 $W_B \in W_A$：

- $w_B \leqslant w_A$。
- 当 $t_A = T_A$ 且 $t_B = T_B$ 时，$t_B \in t_A$。
- 当 $s_A = S_A$ 且 $s_B = S_B$ 时，$s_B \in s_A$。

若集合 W_B 的时态属性是集合 W_A 的子时态属性，且集合 W_B 的空间属性是集合 W_A 的子空间属性，且集合 W_A 中 w_A 所对应的域大于集合 W_B 中 w_B 所对应的域，则集合 W_B 为集合 W_A 的时空子集合。

定义 3.13 若存在两个具有时空属性的定义域与集合间的关系 $R_A(r_A, t_A, s_A)$ 和 $R_B(r_B, t_B, s_B)$，当满足以下条件时，R_B 是 R_A 时空子关系，记作 $R_B \in R_A$：

- $r_B \leqslant r_A$。
- 当 $t_A = T_A$ 且 $t_B = T_B$ 时，$t_B \in t_A$。
- 当 $s_A = S_A$ 且 $s_B = S_B$ 时，$s_B \in s_A$。

若 R_B 的时态属性和空间属性是 R_A 的子时态属性和子空间属性，且 R_B 的关系种类不多于 R_A，则 R_B 是 R_A 的时空子关系。

例 3.6 2022 年 6 月 24 日，家住沈阳的李女士和家住沈阳的王先生登记结婚，建立了夫妻关系，而夫妻关系又是亲属关系的一种。由此可以得出家住沈阳的李女士和王先生的亲属关系 R_A =（亲属关系，f(东八区，[2022，2022]，2022 年 6 月 24 日)，f((122.42°E，123.81°E)，(41.2°N，43.04°N)，50 m，沈阳))，夫妻关系 R_B =（亲属关系，f(东八区，[2022，2022]，2022 年 6 月 24 日)，f((122.42°E，123.81°E)，(41.2°N，43.04°N)，50m，沈阳))。根据上述信息可知，R_B 对应的本身值关系 r_B 是 R_A 对应的本身值关系 r_A 的子关系、

R_B 对应的时间属性 t_B 是 R_A 对应的时间属性 t_A 的子关系、R_B 对应的空间属性 s_B 是 R_A 对应的空间属性 s_A 的子关系。因此可以得出，R_B 是 R_A 的时空子关系。

前文定义了子时态属性和子空间属性，在此基础上，定义了时空子域、时空子集合和时空子关系。接下来，对时空子类进行讨论。

定义 3.14 若存在两个时空 OWL 三元组 $C_A(D_A, W_A, R_A)$ 和 $C_B(D_B, W_B, R_B)$，当满足以下条件时，C_B 是 C_A 的时空子类，记作 $C_B \in C_A$：

- $D_B \in D_A$。
- $W_B \in W_A$。
- $R_B \in R_A$。

若 D_B 是 D_A 的时空子域，W_B 是 W_A 的时空子集，且 C_B 中的 R_B 是 C_A 中 R_A 的子关系，则 C_B 为 C_A 的时空子类，如图 3.3 所示。图 3.3 中包括 3 个部分：左上方的子时态属性和子空间属性部分；右上方的时空子域、时空子集合和时空子关系部分；下方的时空类和时空子类部分。

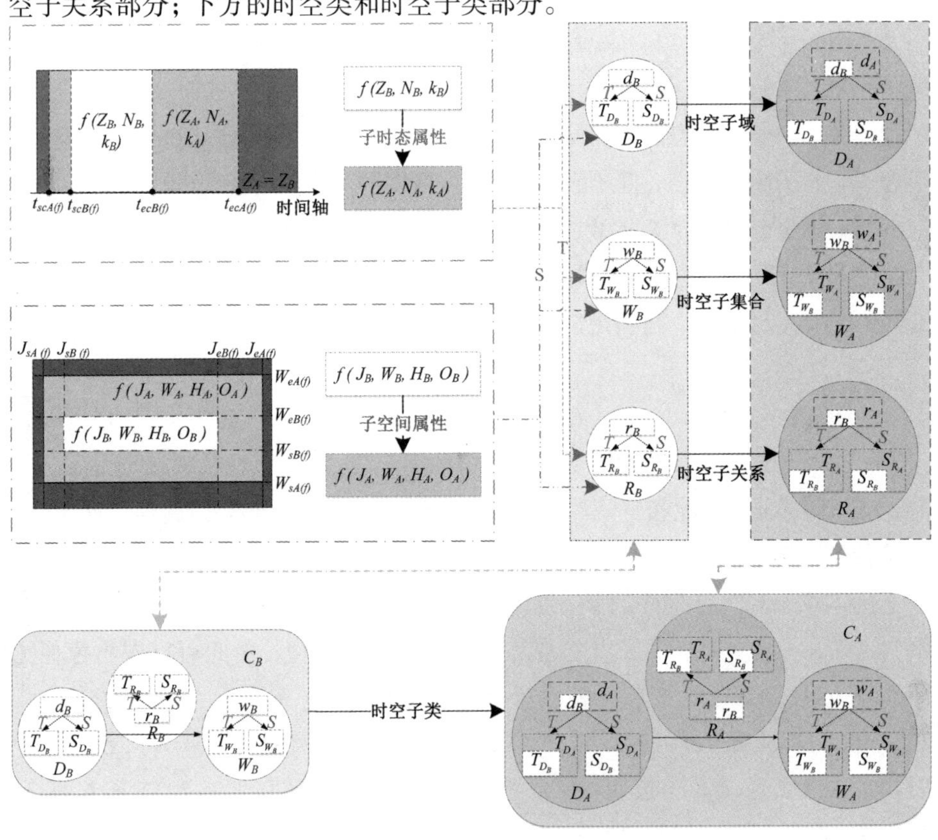

图 3.3 时空子类图示

在左上方的子时态属性和子空间属性部分中，对于子时态属性，首先判断是否同处一个时区，如果不在同一个时区，需化为同一个时区之后再进行后续操作。在图 3.3 中，由于时态属性处于同一时区，因此将其表示在同一个时间轴上，时间轴的方向为现实中时间变化的方向，将时态属性中的时间区间表示在时间轴上。图 3.3 所示时态属性 T_B的开始时间晚于时态属性 T_A的开始时间，且时态属性 T_B的结束时间早于时态属性 T_A的结束时间，也就是说，T_B的时间区间范围比 T_A的时间区间范围小，那么，时态属性 T_B是时态属性 T_A的子时态属性。对于子空间属性，空间属性 S_A和空间属性 S_B需同处南北半球和东西半球，之后将 S_A和 S_B放在同一经纬区间内比较。图 3.3 所示空间属性 S_B的经纬度区间分别被空间属性 S_A的经纬度区间所包含，也就是说，空间属性 S_B是空间属性 S_A的子空间属性。

在右上方的时空子域、时空子集合和时空子关系部分，左半部分表示时空 OWL 类 $C_B(D_B, W_B, R_B)$，包括具有时空属性的定义域 $D_B(d_B, t_B, s_B)$、具有时空属性的与定义域相关的事物状态的集合 $W_B(w_B, t_B, s_B)$以及具有时空属性的定义域与集合间的关系 $R_B(r_B, t_B, s_B)$。右半部分表示另一个时空 OWL 类 $C_A(D_A, W_A, R_A)$，包括具有时空属性的定义域 $D_A(d_A, t_A, s_A)$、具有时空属性的与定义域相关的事物状态的集合 $W_A(w_A, t_A, s_A)$以及具有时空属性的定义域与集合间的关系 $R_A(r_A, t_A, s_A)$。图 3.3 上方右半部分的 $D_A(d_A, t_A, s_A)$、$W_A(w_A, t_A, s_A)$和 $R_A(r_A, t_A, s_A)$分别包含左半部分的 $D_B(d_B, t_B, s_B)$、$W_B(w_B, t_B, s_B)$和 $R_B(r_B, t_B, s_B)$。也就是说，D_B是 D_A的时空子域，W_B是 W_A的时空子集合，R_B是 R_A的时空子关系。

在下方的时空类和时空子类部分，分别用实线的圆角矩形框表示，左半部分表示时空 OWL 类 $C_B(D_B, W_B, R_B)$，包括具有时空属性的定义域 $D_B(d_B, t_B, s_B)$、具有时空属性的与定义域相关的事物状态的集合 $W_B(w_B, t_B, s_B)$以及具有时空属性的定义域与集合间的关系 $R_B(r_B, t_B, s_B)$。右半部分表示另一个时空 OWL 类 $C_A(D_A, W_A, R_A)$，包括具有时空属性的定义域 $D_A(d_A, t_A, s_A)$、具有时空属性的与定义域相关的事物状态的集合 $W_A(w_A, t_A, s_A)$以及具有时空属性的定义域与集合间的关系 $R_A(r_A, t_A, s_A)$。图 3.3 所示时空类和时空子类部分的左半部分与时空子域、时空子集合和时空子关系部分的左半部分通过双向箭头连接，且时空类和时空子类部分的右半部分与时空子域、时空子集合和时空子关系部分的右半部分也通过双向箭头连接，表示它们内容一致，表示形式不同。由于D_B是D_A的时空子域，W_B是W_A的时空子集合，R_B是R_A的时空子关系，因此，C_B是C_A的时空子类。

3.4 时空 OWL 逻辑类

本小节对时空 OWL 逻辑类中最基本的逻辑类进行研究，包括时空不相交类、时空交集类以及时空并集类。

3.4.1 时空不相交类

由于时空 OWL 三元组$C(D, W, R)$中要考虑到具有时空属性的定义域D、具有时空属性的与定义域相关的事物状态的集合W、具有时空属性的定义域与集合间的关系R的不相交情况，而D，W，R的不相交情况又取决于时态属性和空间属性的不相交情况，因此，首先定义时态属性和空间属性的不相交情况，之后定义具有时空属性的定义域D、具有时空属性的与定义域相关的事物状态的集合W、具有时空属性的定义域与集合间的关系R的不相交情况。

定义 3.15 若存在两个时空数据的时态属性$T_A=f(Z_A, N_A, k_A)$和$T_B=f(Z_B, N_B, k_B)$，当满足以下条件时，时态属性T_A和时态属性T_B不相交，记作$T_A \cap T_B=\varnothing$：

- $Z_A=Z_B$时，$N_A \cap N_B=\varnothing$。
- $k_A \neq k_B$。

当T_A和T_B位于相同时区且记录时间不同时，当T_A和T_B时域的交集为空时，时态属性T_A与时态属性T_B不相交；当T_A和T_B位于不同时区且记录时间不同时，时态属性T_A与时态属性T_B也不相交。

定义 3.16 若存在两个时空数据的空间属性$S_A=f(J_A, W_A, H_A, O_A)$和$S_B=f(J_B, W_B, H_B, O_B)$，当满足以下条件时，空间属性$S_A$和空间属性$S_B$不相交，记作$S_A \cap S_B=\varnothing$：

- $J_A \cap J_B=\varnothing$。
- $W_A \cap W_B=\varnothing$。
- $H_A \neq H_B$。
- $O_A \neq O_B$。

当时空数据的空间属性 S_A 和 S_B 的经度不相交、纬度不相交、平均海拔不相等、处于不同的区域时，空间属性 S_A 和 S_B 是不相交的。

定义 3.15 和定义 3.16 定义了时态属性和空间属性的不相交情况，接下来，分别讨论时空 OWL 三元组 $C(D, W, R)$ 中 D, W, R 的不相交情况，如定义 3.17 至定义 3.19 所述。

定义 3.17 若存在两个具有时空属性的定义域 $D_A(d_A, t_A, s_A)$ 和 $D_B(d_B, t_B, s_B)$，当满足以下条件时，具有时空属性的定义域 D_A 与时空域 D_B 不相交，记作 $D_A \cap D_B = \varnothing$：

- $d_A \cap d_B = \varnothing$。
- 当 $t_A = T_A$ 且 $t_B = T_B$ 时，$t_A \cap t_B = \varnothing$。
- 当 $s_A = S_A$ 且 $s_B = S_B$ 时，$s_A \cap s_B = \varnothing$。

定义 3.18 若存在两个具有时空属性的与定义域相关的事物状态的集合 $W_A(w_A, t_A, s_A)$ 和 $W_B(w_B, t_B, s_B)$，当满足以下条件时，集合 W_A 与集合 W_B 不相交，记作 $W_A \cap W_B = \varnothing$：

- $w_A \cap w_B = \varnothing$。
- 当 $t_A = T_A$ 且 $t_B = T_B$ 时，$t_A \cap t_B = \varnothing$。
- 当 $s_A = S_A$ 且 $s_B = S_B$ 时，$s_A \cap s_B = \varnothing$。

定义 3.19 若存在两个具有时空属性的定义域与集合间的关系 $R_A(r_A, t_A, s_A)$ 和 $R_B(r_B, t_B, s_B)$，当满足以下条件时，具有时空属性的定义域与集合间的关系 R_A 与 R_B 不相交，记作 $R_A \cap R_B = \varnothing$：

- $r_A \cap r_B = \varnothing$。
- 当 $t_A = T_A$ 且 $t_B = T_B$ 时，$t_A \cap t_B = \varnothing$。
- 当 $s_A = S_A$ 且 $s_B = S_B$ 时，$s_A \cap s_B = \varnothing$。

根据定义 3.17 至定义 3.19，得到时空 OWL 三元组 $C(D, W, R)$ 不相交的形式化定义，如定义 3.20 所述。

定义 3.20 若存在两个时空 OWL 三元组 $C_A(D_A, W_A, R_A)$ 和 $C_B(D_B, W_B, R_B)$，当满足以下条件时，C_A 与 C_B 不相交，记作 $C_A \cap C_B = \varnothing$：

- $D_A \cap D_B = \varnothing$。
- $W_A \cap W_B = \varnothing$。
- $R_A \cap R_B = \varnothing$。

时空不相交类如图 3.4 所示，包括 3 个部分：左上方的时态属性和空间属性部分、右上方的两个时空 OWL 类部分以及下方的两个时空 OWL 类部分。

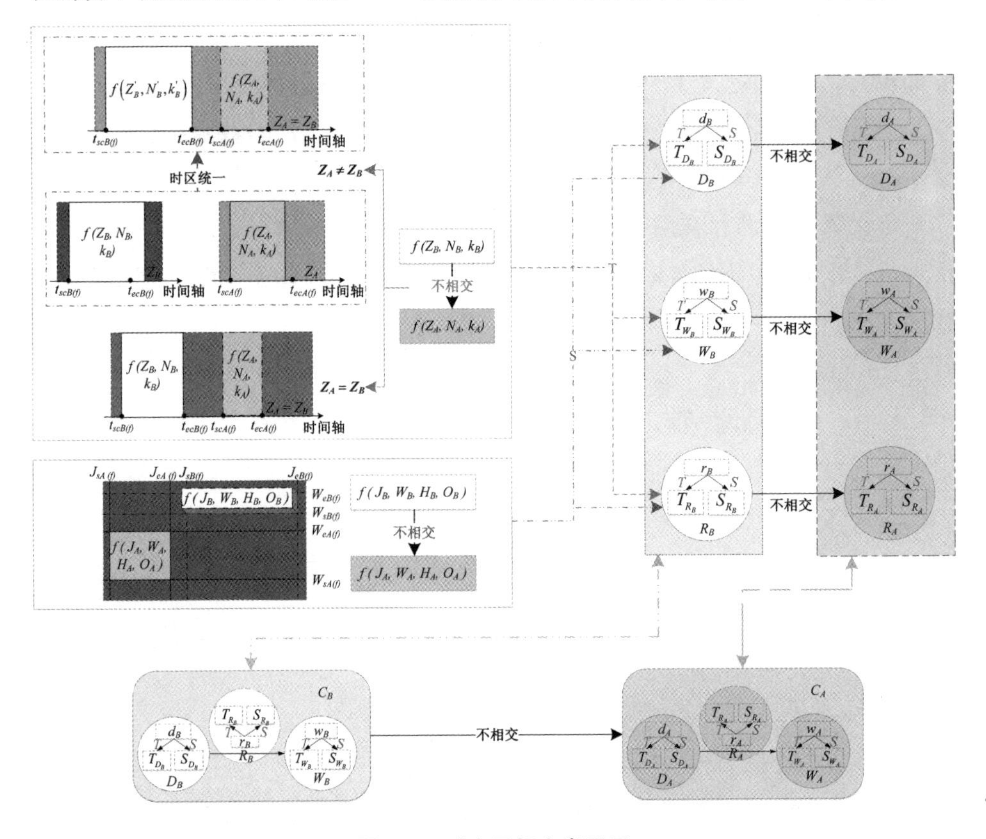

图 3.4 时空不相交类图示

在左上方的时态属性和空间属性部分中，时态属性处于同一时区，因此将其表示在同一时间轴上，时间轴的方向为现实中时间变化的方向，将时态属性中的时间区间表示在时间轴上。需要说明的是，无论两个时态属性是否处于同一时区，都应满足二者中的时间区间交集为空。如果不在同一个时区，需化为同一个时区之后再进行是否相交的判断，不可以直接根据不在同一时区而判断其不相交。图 3.4 所示时态属性 T_B的时间区间的结束时间早于时态属性 T_A的时间区间的开始时间，因此，这两个时态属性的时间区间不相交，也就是说，这两个时间属性不相交。同理，时区统一后的时态属性 T_A和时态属性 T_B，当时态属性 T_A的时间区间的结束时间早于时态属性 T_B的时间区间的开始时间时，这两个时态属性不相交。空间属性不相交，需要满足四个条件：① S_A和 S_B的经度范围不相交；② S_A和 S_B的纬度范围不相交；③ S_A和 S_B的平均海拔不相等；④ 区域名不相同。如图 3.4 所示，空间属性 S_B的经纬度区间与空间属性 S_A的经纬度区间不相交，且 S_A 和 S_B 的平均海拔不同，同时它们不处于同一区域，因此，空间属性 S_A 与 S_B 不相交。

在右上方的两个时空 OWL 类中，包括左右两个部分，其中，左半部分表示时空 OWL 类 $C_B(D_B, W_B, R_B)$，包括具有时空属性的定义域 $D_B(d_B, t_B, s_B)$、具有时空属性的与定义域相关的事物状态的集合 $W_B(w_B, t_B, s_B)$ 以及具有时空属性的定义域与集合间的关系 $R_B(r_B, t_B, s_B)$；右半部分表示另一个时空 OWL 类 $C_A(D_A, W_A, R_A)$，包括具有时空属性的定义域 $D_A(d_A, t_A, s_A)$、具有时空属性的与定义域相关的事物状态的集合 $W_A(w_A, t_A, s_A)$ 以及具有时空属性的定义域与集合间的关系 $R_A(r_A, t_A, s_A)$。由图 3.4 可知，右半部分的 $D_A(d_A, t_A, s_A)$、$W_A(w_A, t_A, s_A)$ 以及 $R_A(r_A, t_A, s_A)$ 和左半部分的 $D_B(d_B, t_B, s_B)$、$W_B(w_B, t_B, s_B)$ 以及 $R_B(r_B, t_B, s_B)$ 两两互不相交，也就是说，时空 OWL 类 $C_A(D_A, W_A, R_A)$ 与时空 OWL 类 $C_B(D_B, W_B, R_B)$ 不相交。

在下方的两个时空 OWL 类部分，左半部分表示时空 OWL 类 $C_B(D_B, W_B, R_B)$，包括具有时空属性的定义域 $D_B(d_B, t_B, s_B)$、具有时空属性的与定义域相关的事物状态的集合 $W_B(w_B, t_B, s_B)$ 以及具有时空属性的定义域与集合间的关系 $R_B(r_B, t_B, s_B)$；右半部分表示另一个时空 OWL 类 $C_A(D_A, W_A, R_A)$，包括具有时空属性的定义域 $D_A(d_A, t_A, s_A)$、具有时空属性的与定义域相关的事物状态的集合 $W_A(w_A, t_A, s_A)$ 以及具有时空属性的定义域与集合间的关系 $R_A(r_A, t_A, s_A)$。图 3.4 所示下部分中时空 OWL 类部分的左半部分与右上部分中时空 OWL 类的左半部分通过双向箭头连接，且下部分中时空 OWL 类部分的右半部分与右上部分中时空 OWL 类的右半部分通过双向箭头连接，表示它们内容一致，表示形式不同。由于具有时空属性的定义域 D_A 和 D_B 不相交、具有时空属性的与定义域相关的事物状态的集合 W_A 和 W_B 不相交、具有时空属性的定义域与集合间的关系 R_A 和 R_B 不相交，因此，C_A 和 C_B 不相交。

3.4.2 时空交集类

由于时空 OWL 三元组 $C(D, W, R)$ 中要考虑到 D, W, R 的交集情况，而 D, W, R 的交集情况又取决于时态属性和空间属性的交集情况，因此，首先定义时态属性和空间属性的交集情况。

定义 3.21 若存在三个时空数据的时态属性 $T_A=f(Z_A, N_A, k_A)$，$T_B=f(Z_B, N_B, k_B)$ 和 $T_C=f(Z_C, N_C, k_C)$，当满足以下条件时，时态属性 T_C 是时态

属性 T_A 和时态属性 T_B 的交集，记作 $T_C=T_A\cap T_B$：

- 当 $Z_A=Z_B$ 时，$Z_C=Z_A=Z_B$，否则 $Z_C=Z_A$。
- $N_B{}'$ 是 N_B 转换为 Z_A 时区后得到的时间区间。
- $N_C=N_A\cap N_B{}'$。
- 当 $k_A=k_B$ 时，$k_C=k_A=k_B$，否则 $k_C=x$。

在进行时态属性的交集操作时，时态属性 T_A 和时态属性 T_B 的时区和参考时间都应该保持一致。如果时态属性 T_A 和时态属性 T_B 的时区和参考时间都相同，则时态属性 T_C 也和时态属性 T_A，T_B 具有相同的时区和参考时间。如果时态属性 T_A 和时态属性 T_B 不在相同时区，则需要将时态属性 T_B 的时区 Z_B 转换为时态属性 T_A 的时区 Z_A，同时将时间区间 N_B 进行转换，得到 $N_B{}'$。如果时态属性 T_A 和时态属性 T_B 的参考时间不同，则需要将 T_C 的参考时间 k_C 设置为未知值 x。之后，统一时区 Z_A 内计算 N_A 和 $N_B{}'$ 的交集，从而得到时态属性 T_C 的时间区间 N_C。

例 3.7 若存在两个时态属性 $T_A=f$(西五区，[2022 年 6 月 25 日 9：00，2022 年 6 月 25 日 11：00]，2022 年 6 月 1 日)和 $T_B=f$(东八区，[2022 年 6 月 25 日 20：00，2022 年 6 月 25 日 22：30]，2022 年 5 月 1 日)。由于时态属性 T_A 和时态属性 T_B 不在同一时区，因此需要将时态属性 T_A 的时区 Z_A 转换为时态属性 T_B 的时区 Z_B(东八区)。通过转换得到时态属性 T_A 的时间区间 $N_A{}'$ 为[2022 年 6 月 25 日 21：00，2022 年 6 月 25 日 23：00]，即 $T_A{}'=f$(东八区，[2022 年 6 月 25 日 21：00，2022 年 6 月 25 日 23：00]，2022 年 6 月 1 日)。因此可以得出时态属性 T_A 和时态属性 T_B 的交集 $T_C=f$(东八区，[2022 年 6 月 25 日 21：00，2022 年 6 月 25 日 22：30]，x)。

定义 3.22 若存在三个时空数据的空间属性 $S_A=f(J_A, W_A, H_A, O_A)$，$S_B=f(J_B, W_B, H_B, O_B)$ 和 $S_C=f(J_C, W_C, H_C, O_C)$，当满足以下条件时，空间属性 S_C 是空间属性 S_A 和空间属性 S_B 的交集，记作 $S_C=S_A\cap S_B$：

- $J_C=J_A\cap J_B$。
- $W_C=W_A\cap W_B$。
- 当 $J_C=\min\{J_A, J_B\}$ 且 $W_C=\min\{W_A, W_B\}$ 时，H_C 为 $\min\{J_A, J_B\}$ 和 $\min\{W_A, W_B\}$ 所对应的海拔高度，否则 $H_C=\text{average}\{H_A, H_B\}$。
- 当 $J_C=\min\{J_A, J_B\}$ 且 $W_C=\min\{W_A, W_B\}$ 时，$O_C=\min\{O_A, O_B\}$，否则 $O_C=x$。

当进行空间属性的交集操作时，空间属性 S_A 中的经度范围 J_A 与纬度范围 W_A 和空间属性 S_B 中的经度范围 J_B 与纬度范围 W_B 分别作交集操作。如果空间属性 S_A 中的经度范围 J_A 和空间属性 S_B 中的经度范围 J_B 交集为空，或者空间属性 S_A 中的纬度范围 W_A 和空间属性 S_B 中的纬度范围 W_B 交集为空，则空间属性 S_A 与空间属性 S_B 的交集为空。如果空间属性 S_A 中的经度范围 J_A 与纬度范围 W_A 和空间属性 S_B 中的经度范围 J_B 与纬度范围 W_B 都不为空，则空间属性 S_C 中的经度范围 J_C 等于空间属性 S_A 中的经度范围 J_A 与空间属性 S_B 中的经度范围 J_B 的交集、空间属性 S_C 中的纬度范围 W_C 等于空间属性 S_A 中的纬度范围 W_A 与空间属性 S_B 中的纬度范围 W_B 的交集。空间属性 S_C 中的平均海拔值 H_C 和区域值 O_C 有两种可能性：第一，当 $J_C=\min\{J_A, J_B\}$ 且 $W_C=\min\{W_A, W_B\}$ 时，空间属性 S_A 和空间属性 S_B 是包含关系，此时的区域值 O_C 为空间属性 S_A 与空间属性 S_B 中范围小的那个，即经纬度范围被包含的空间属性的区域值，且平均海拔值 H_C 为空间属性的平均海拔值；第二，如果不满足条件，设置 $H_C=\text{average}\{H_A, H_B\}$，且 $O_C=x$。

例 3.8 若存在两个空间属性 $S_A=f((118.53°\text{E}, 125.46°\text{E}), (38.43°\text{N}, 43.26°\text{N}), 339\ \text{m}, 辽宁省)$ 和 $S_B=f((122.42°\text{E}, 123.81°\text{E}), (41.2°\text{N}, 43.04°\text{N}), 50\ \text{m}, 沈阳市)$。通过上述信息可以得出空间属性 S_C 的经度范围 J_C 为 (122.42°E, 123.81°E)、纬度范围 W_C 为(41.2°N, 43.04°N)，因此，S_C 的经度范围和纬度范围的交集都不为空。此外，通过观察可以发现空间属性 S_C 与空间属性 S_B 的经纬度范围相同，因此，空间属性 S_C 的海拔值 H_C 为 $\min\{H_A, H_B\}=50$ m，区域值 O_C 为 $\min\{O_A, O_B\}$ = 沈阳市。最终，可以得出空间属性 $S_C=f((122.42°\text{E}, 123.81°\text{E}), (41.2°\text{N}, 43.04°\text{N}), 50\ \text{m}, 沈阳市)$。

定义 3.21 和定义 3.22 定义了时态属性和空间属性交集的情况，接下来讨论时空 OWL 三元组 $C(D, W, R)$ 中 D, W, R 的交集情况。如定义 3.23、定义 3.24 以及定义 3.25 所述。

定义 3.23 若存在三个具有时空属性的定义域 $D_A(d_A, t_A, s_A)$，$D_B(d_B, t_B, s_B)$ 和 $D_C(d_C, t_C, s_C)$，当满足以下条件时，具有时空属性的定义域 D_C 是 D_A 与 D_B 的交集，记作 $D_C=D_A\cap D_B$：

- $d_C=d_A\cap d_B$。
- 当 $t_A=T_A$ 且 $t_B=T_B$ 时，$t_C=t_A\cap t_B$。
- 当 $s_A=S_A$ 且 $s_B=S_B$ 时，$s_C=s_A\cap s_B$。

定义 3.24 若存在三个具有时空属性的与定义域相关的事物状态的集合 $W_A(w_A, t_A, s_A)$，$W_B(w_B, t_B, s_B)$ 和 $W_C(w_C, t_B, s_B)$，当满足以下条件时，具有时空属性的与定义域相关的事物状态的集合 W_C 是 W_A 与 W_B 的交集，记作 $W_C = W_A \cap W_B$：

- $w_C = w_A \cap w_B$。
- 当 $t_A = T_A$ 且 $t_B = T_B$ 时，$t_C = t_A \cap t_B$。
- 当 $s_A = S_A$ 且 $s_B = S_B$ 时，$s_C = s_A \cap s_B$。

定义 3.25 若存在三个具有时空属性的定义域与集合间的关系 $R_A(r_A, t_A, s_A)$，$R_B(r_B, t_B, s_B)$ 和 $R_C(r_C, t_C, s_C)$，当满足以下条件时，具有时空属性的定义域与集合间的关系 R_C 是 R_A 与 R_B 交集，记作 $R_C = R_A \cap R_B$：

- $r_C = r_A \cap r_B \cap f_{D_C - W_C}$。
- 当 $t_A = T_A$ 且 $t_B = T_B$ 时，$t_C = t_A \cap t_B$。
- 当 $s_A = S_A$ 且 $s_B = S_B$ 时，$s_C = s_A \cap s_B$。

关于定义 3.25，值得注意的是，具有时空属性的定义域与集合间的关系 $R(r, t, s)$ 由时空关系的关系值 r、时态属性 t 和空间属性 s 构成，因此，定义时空属性的定义域与集合间的关系的交集时，需从这三个方面进行讨论。首先，时空关系的关系值 r 不能直接对时空关系 R_A 的关系值 r_A 和时空关系 R_B 的关系值 r_B 做相交操作，在此基础上，还需要增加三元组 $C_C(D_C, W_C, R_C)$ 中 D_C 向 W_C 的映射限制。这是因为，如果对时空关系 R_A 的关系值 r_A 和时空关系 R_B 的关系值 r_B 做相交操作，会导致三元组 $C_C(D_C, W_C, R_C)$ 中具有时空属性的定义域与集合间的关系 R_C 数目多于由时空定义域 D_C 向具有时空属性的与定义域相关的事物状态的集合 W_C 的映射关系的数目，即 $R_C > f_{D_C - W_C}$，这与基于 OWL 的时空数据的形式化定义的概念相矛盾。其次，当具有时空属性的定义域与集合间的关系 $R_A(r_A, t_A, s_A)$ 和 $R_B(r_B, t_B, s_B)$ 中的关系值 r_A 和关系值 r_B 的交集为空时，$R_A(r_A, t_A, s_A)$ 和 $R_B(r_B, t_B, s_B)$ 的交集也为空集，此时不必再考虑时态属性 t_A 和时态属性 t_B 的交集，也不必再考虑空间属性 s_A 和空间属性 s_B 的交集。第三，当具有时空属性的定义域与集合间的关系 $R_A(r_A, t_A, s_A)$ 和 $R_B(r_B, t_B, s_B)$ 中的关系值 r_A 和关系值 r_B 的交集不为空时，若时态属性 t_A 和时态属性 t_B、空间属性 s_A 和空间属性 s_B 的交集中有一个为空或两者都为空，则 $R_A(r_A, t_A, s_A)$ 和 $R_B(r_B, t_B, s_B)$ 的交集不为空集，此时只需将对应为空集的时态属性 t_C 或对应为空集的空间属性 s_C 的值设置为空即可。

根据定义 3.23 至定义 3.25，得到时空 OWL 三元组 $C(D, W, R)$交集的形式化定义，如定义 3.26 所述。

定义 3.26 若存在三个时空 OWL 三元组 $C_A(D_A, W_A, R_A)$，$C_B(D_B, W_B, R_B)$和 $C_C(D_C, W_C, R_C)$，当满足以下条件时，时空 OWL 三元组 C_C是 C_A和 C_B的交集，记作 $C_C = C_A \cap C_B$：

- $D_C = D_A \cap D_B$。
- $W_C = W_A \cap W_B$。
- $R_C = R_A \cap R_B \cap f_{D_C - W_C}$。

根据定义 3.26，可以求得两个时空 OWL 三元组的交集。由于时空 OWL 三元组 $C(D, W, R)$中包含具有时空属性的定义域 D、具有时空属性的与定义域相关的事物状态的集合 W、具有时空属性的定义域与集合间的关系 R，因此，在进行两个时空 OWL 三元组的交集操作时，需要通过具有时空属性的定义域 D 的交集操作、具有时空属性的与定义域相关的事物状态的集合 W 的交集操作、具有时空属性的定义域与集合间的关系 R 的交集操作得出。以上具有时空属性的定义域 D、具有时空属性的与定义域相关的事物状态的集合 W、具有时空属性的定义域与集合间的关系 R 的交集操作可以根据定义 3.23、定义 3.24 和定义 3.25 得出，最终通过定义 3.26 得出最后的结果。

时空 OWL 三元组的交集如图 3.5 所示，由上至下包括 5 个部分，分别用第一部分至第五部分指代：时态属性和空间属性部分、两个时空 OWL 类部分、两个时空 OWL 类的交集部分、两个时空 OWL 类 $C_A(D_A, W_A, R_A)$和 $C_B(D_B, W_B, R_B)$部分、两个时空 OWL 类 $C_A(D_A, W_A, R_A)$和 $C_B(D_B, W_B, R_B)$的交集部分。

第一部分包含时态属性和空间属性两部分。对于时态属性，时态属性 T_A和时态属性 T_B的时区应该相同。如果不在同一个时区，需化为同一个时区之后再进行交集操作，从而得出时态属性的交集。当时态属性处于相同时区时，将其表示在同一时间轴上，时间轴的方向为现实中时间变化的方向，将时态属性中的时间区间表示在时间轴上。图 3.5 所示为同一时区，时态属性 T_B的开始时间早于时态属性 T_A的开始时间，且时态属性 T_B的结束时间晚于时态属性 T_A的开始时间，因此这两个时态属性的时间区间相交，交集为时态属性 T_C。关于时态属性的记录时间，当 $k_A = k_B$ 时，$k_C = k_A = k_B$，否则设置 $k_C = x$。对于空间属性，如图 3.5 所示，空间属性 S_B的经纬度范围与空间属性 S_A的经纬度范围存在重合部分，也就是说，这两个空间属性相交，从而得出空间属性的经纬度范围。关于平均海拔高度 H_C，当 $J_C = \min\{J_A, J_B\}$ 且 $W_C = \min\{W_A, W_B\}$ 时，H_C 为 $\min\{J_A, J_B\}$ 和 $\min\{W_A, W_B\}$ 所对应的海拔高度，$O_C = \min\{O_A, O_B\}$；否则 $H_C = \text{average}\{H_A, H_B\}$，$O_C = x$。值得注意的是，如果时态属性的交集或空间属性的交集为空，则可直接判断此部分为空集，且不影响后续操作。

第二部分包含两个时空 OWL 类，左半部分表示时空 OWL 类 $C_B(D_B, W_B, R_B)$，包括具有时空属性的定义域 $D_B(d_B, t_B, s_B)$、具有时空属性的与定义域相关的事物状态的集合 $W_B(w_B, t_B, s_B)$ 以及具有时空属性的定义域与集合间的关系 $R_B(r_B, t_B, s_B)$；右半部分表示另一个时空 OWL 类 $C_A(D_A, W_A, R_A)$，包括具有时空属性的定义域 $D_A(d_A, t_A, s_A)$、具有时空属性的与定义域相关的事物状态的集合 $W_A(w_A, t_A, s_A)$ 以及具有时空属性的定义域与集合间的关系 $R_A(r_A, t_A, s_A)$。如图 3.5 所示，若右半部分具有时空属性的定义域 $D_A(d_A, t_A, s_A)$、具有时空属性的与定义域相关的事物状态的集合 $W_A(w_A, t_A, s_A)$ 以及具有时空属性的定义域与集合间的关系 $R_A(r_A, t_A, s_A)$ 分别包含左半部分具有时空属性的定义域 $D_B(d_B, t_B, s_B)$、具有时空属性的与定义域相关的事物状态的集合 $W_B(w_B, t_B, s_B)$ 以及具有时空属性的定义域与集合间的关系 $R_B(r_B, t_B, s_B)$ 的一部分，与此同时，左半部分具有时空属性的定义域 $D_B(d_B, t_B, s_B)$、具有时空属性的与定义域相关的事物状态的集合 $W_B(w_B, t_B, s_B)$ 以及具有时空属性的定义域与集合间的关系 $R_B(r_B, t_B, s_B)$ 也包含右半部分具有时空属性的定义域 $D_A(d_A, t_A, s_A)$、具有时空属性的与定义域相关的事物状态的集合 $W_A(w_A, t_A, s_A)$ 以及具有时空属性的定义域与集合间的关系 $R_A(r_A, t_A, s_A)$ 的一部分，那么，具有时空属性的定义域 D_A 和 D_B 相交，具有时空属性的与定义域相关的事物状态的集合 W_A 和 W_B 相交，具有时空属性的定义域与集合间的关系 R_A 和 R_B 相交。

第三部分是第二部分中两个时空 OWL 类的交集，包括具有时空属性的定义域 D_A 和 D_B 的交集、具有时空属性的与定义域相关的事物状态的集合 W_A 和 W_B 的交集、具有时空属性的定义域与集合间的关系 R_A 和 R_B 的交集，得到时空 OWL 类 $C_C(D_C, W_C, R_C)$。

第四部分包含两个时空 OWL 类 $C_A(D_A, W_A, R_A)$ 和 $C_B(D_B, W_B, R_B)$，其中，$C_A(D_A, W_A, R_A)$ 对应第二部分中的右半部分、$C_B(D_B, W_B, R_B)$ 对应第二部分中的左半部分，分别表示两个时空 OWL 类。

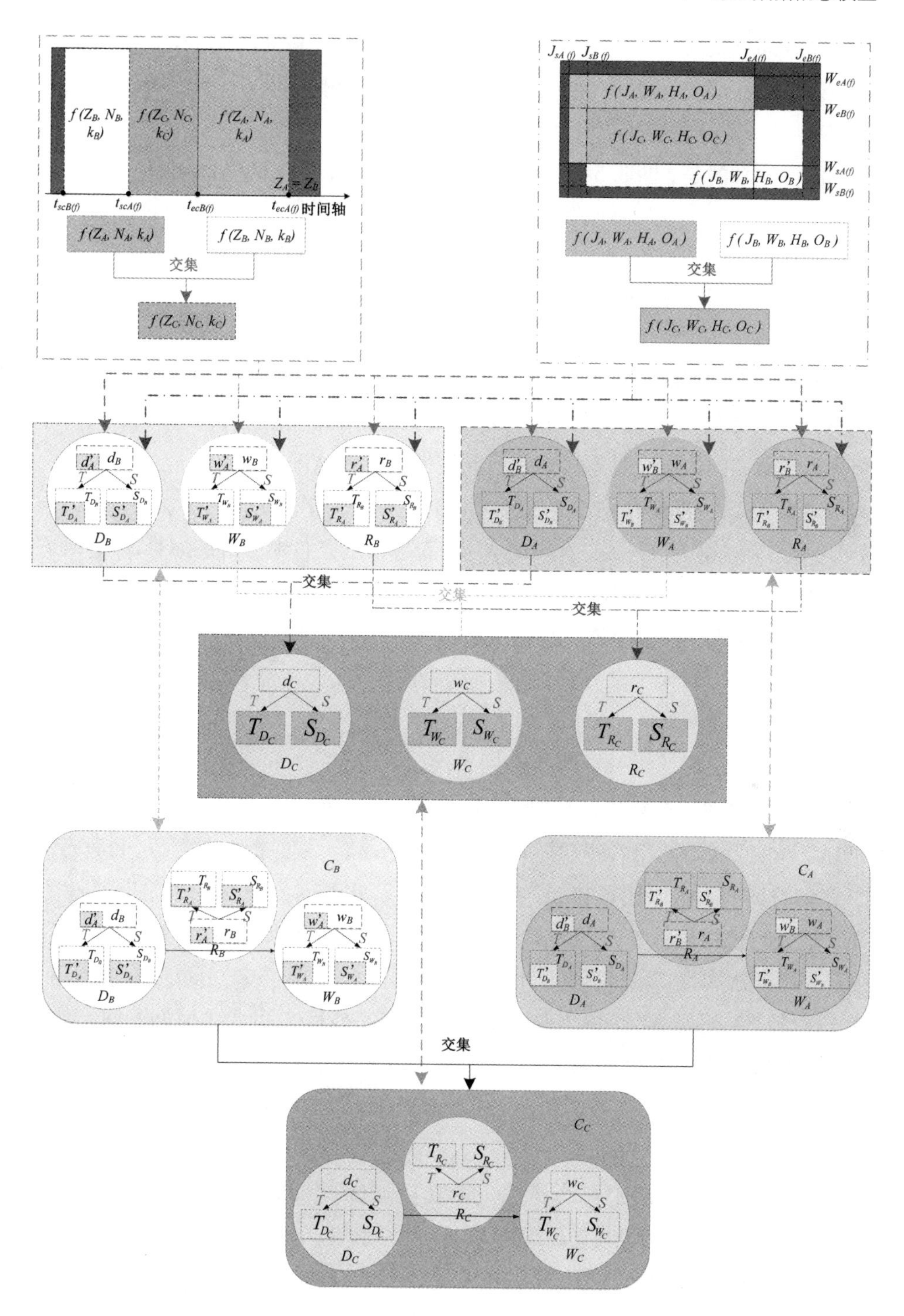

f(Z_B, N_B, k_B)
f(Z_C, N_C, k_C)
f(Z_A, N_A, k_A)
Z_A = Z_B
t_scB(f)
t_scA(f)
t_ecB(f)
t_ecA(f)
时间轴
f(Z_A, N_A, k_A)
f(Z_B, N_B, k_B)
交集
f(Z_C, N_C, k_C)
J_sA(f) J_sB(f) J_eA(f) J_eB(f)
f(J_A, W_A, H_A, O_A)
f(J_C, W_C, H_C, O_C)
f(J_B, W_B, H_B, O_B)
W_eA(f) W_eB(f) W_sA(f) W_sB(f)
f(J_A, W_A, H_A, O_A)
f(J_B, W_B, H_B, O_B)
交集
f(J_C, W_C, H_C, O_C)
D_B W_B R_B
D_A W_A R_A
交集
交集
交集
D_C W_C R_C
C_B
C_A
交集
C_C

图 3.5　时空交集类图示

第五部分是两个时空 OWL 类 $C_A(D_A, W_A, R_A)$ 和 $C_B(D_B, W_B, R_B)$ 的交集，对应第三部分。表示第四部分中两个时空 OWL 类 $C_A(D_A, W_A, R_A)$ 和 $C_B(D_B, W_B, R_B)$ 的交集 $C_C(D_C, W_C, R_C)$。

值得注意的是，图 3.5 中有许多双向箭头，表示箭头的两端表示形式不同，但内容相同。

3.4.3 时空并集类

由于时空 OWL 三元组 $C(D, W, R)$ 中要考虑到 D, W, R 的并集情况，而 D, W, R 的并集情况又取决于时态属性和空间属性的并集情况。因此，与时空交集类类似，首先定义时态属性和空间属性的并集情况。

定义 3.27 若存在三个时空数据的时态属性 $T_A=f(Z_A, N_A, k_A)$，$T_B=f(Z_B, N_B, k_B)$ 和 $T_C=f(Z_C, N_C, k_C)$，当满足以下条件时，时态属性 T_C 是时态属性 T_A 和时态属性 T_B 的并集，记作 $T_C=T_A\cup T_B$：

- 当 $Z_A=Z_B$ 时，$Z_C=Z_A=Z_B$，否则 $Z_C=Z_A$。
- N_B' 是 N_B 转换为 Z_A 时区后得到的时间区间。
- $N_C=N_A\cup N_B'$。
- 当 $k_A=k_B$ 时，$k_C=k_A=k_B$，否则 $k_C=x$。

与时态属性的交集操作类似，在进行时态属性的并集操作时，时态属性 T_A 和时态属性 T_B 的时区和参考时间都应该保持一致。如果时态属性 T_A 和时态属性 T_B 的时区和参考时间都相同，则时态属性 T_C 也和时态属性 T_A、时态属性 T_B 具有相同的时区和参考时间。如果时态属性 T_A 和时态属性 T_B 不在相同时区，则需要将时态属性 T_B 的时区 Z_B 转换为时态属性 T_A 的时区 Z_A，同时将时间区间 N_B 进行转换，得到 N_B'。如果时态属性 T_A 和时态属性 T_B 的参考时间不同，则需要将时态属性 T_C 的参考时间 k_C 设置为未知值 x。之后，统一时区 Z_A 内计算 N_A 和 N_B' 的并集，从而得到时态属性 T_C 的时间区间 N_C。下面对时态属性的并集进行举例说明。

例 3.9 若存在两个时态属性 $T_A=f$(西五区，[2022 年 6 月 25 日 9：00，2022 年 6 月 25 日 11：00]，2022 年 6 月 1 日) 和 $T_B=f$(东八区，[2022 年 6 月 25 日 20：00，2022 年 6 月 25 日 22：30]，2022 年 6 月 1 日)。由于时态属性 T_A 和时态属性 T_B 不在同一时区，因此需要将时态属性 T_A 的时区 Z_A 转换为时态属性 T_B 的时区 Z_B(东八区)。通过转换得到时态属性 T_A 的时间区间 N_A' 为[2022

年6月25日21：00，2022年6月25日23：00]，即 $T_A'=f$(东八区，[2022年6月25日21：00，2022年6月25日23：00]，2022年6月1日)。因此可以得出时态属性 T_A 和时态属性 T_B 的并集 $T_C=f$(东八区，[2022年6月25日20：00，2022年6月25日23：00]，x)。

定义 3.28 若存在三个时空数据的空间属性 $S_A=f(J_A, W_A, H_A, O_A)$，$S_B=f(J_B, W_B, H_B, O_B)$ 和 $S_C=f(J_C, W_C, H_C, O_C)$，当满足以下条件时，空间属性 S_C 是空间属性 S_A 和空间属性 S_B 的并集，记作 $S_C=S_A \cup S_B$：

- $J_C=J_A \cup J_B$。
- $W_C=W_A \cup W_B$。
- 当 $J_C=\max\{J_A, J_B\}$ 且 $W_C=\max\{W_A, W_B\}$ 时，H_C 为 $\max\{J_A, J_B\}$ 和 $\max\{W_A, W_B\}$ 所对应的海拔高度，否则 $H_C=\text{average}\{H_A, H_B\}$。
- 当 $J_C=\max\{J_A, J_B\}$ 且 $W_C=\max\{W_A, W_B\}$ 时，$O_C=\max\{O_A, O_B\}$，否则 $O_C=x$。

与空间属性的交集操作类似，当进行空间属性的并集操作时，空间属性 S_A 中的经度范围 J_A 与纬度范围 W_A 和空间属性 S_B 中的经度范围 J_B 与纬度范围 W_B 分别做并集操作。值得注意的是，并集操作的结果可能是一个集合也可能是两个集合。空间属性 S_C 中的平均海拔值 H_C 和区域值 O_C 有两种可能性：第一，当 $J_C=\max\{J_A, J_B\}$ 且 $W_C=\max\{W_A, W_B\}$ 时，空间属性 S_A 和空间属性 S_B 是包含关系，此时的区域值 O_C 为空间属性 S_A 与空间属性 S_B 中范围大的那个，即经度范围和纬度范围更大的空间属性的区域值，且平均海拔值 H_C 为空间属性的平均海拔值；第二，如果不满足条件，设置 $H_C=\text{average}\{H_A, H_B\}$，且 $O_C=x$。

例 3.10 若存在两个空间属性 $S_A=f$((118.53°E，125.46°E)，(38.43°N，43.26°N)，339 m，辽宁省)和 $S_B=f$((122.42°E，123.81°E)，(41.2°N，43.04°N)，50 m，沈阳市)。通过上述信息可以得出空间属性 S_C 的经度范围 J_C 为(118.53°E，125.46°E)、纬度范围 W_C 为(38.43°N，43.26°N)。因此可以得出，空间属性 S_C 的海拔值 H_C 为 $\max\{H_A, H_B\}=339$ m，区域值 O_C 为 $\max\{O_A, O_B\}$=辽宁省。最终，可以得出空间属性 $S_C=f$((118.53°E，125.46°E)，(38.43°N，43.26°N)，339 m，辽宁省)。

定义 3.27 和定义 3.28 定义了时态属性和空间属性并集的情况，接下来，将讨论时空 OWL 三元组 $C(D, W, R)$ 中 D，W，R 的并集情况。如定义 3.29、定义 3.30 以及定义 3.31 所述。

定义 3.29 若存在三个具有时空属性定义域 $D_A(d_A, t_A, s_A)$，$D_B(d_B, t_B, s_B)$和 $D_C(d_C, t_C, s_C)$，当满足以下条件时，具有时空属性的定义域 D_C是 D_A与 D_B的并集，记作 $D_C = D_A \cup D_B$：

- $d_C = d_A \cup d_B$。
- 当 $t_A = T_A$ 且 $t_B = T_B$ 时，$t_C = t_A \cup t_B$。
- 当 $s_A = S_A$ 且 $s_B = S_B$ 时，$s_C = s_A \cup s_B$。

定义 3.30 若存在三个具有时空属性的与定义域相关的事物状态的集合 $W_A(w_A, t_A, s_A)$，$W_B(w_B, t_B, s_B)$和 $W_C(w_C, t_C, s_C)$，当满足以下条件时，具有时空属性的与定义域相关的事物状态的集合 W_C是 W_A与 W_B的并集，记作 $W_C = W_A \cup W_B$：

- $w_C = w_A \cup w_B$。
- 当 $t_A = T_A$ 且 $t_B = T_B$ 时，$t_C = t_A \cup t_B$。
- 当 $s_A = S_A$ 且 $s_B = S_B$ 时，$s_C = s_A \cup s_B$。

定义 3.31 若存在三个具有时空属性的定义域与集合间的关系 $R_A(r_A, t_A, s_A)$，$R_B(r_B, t_B, s_B)$和 $R_C(r_C, t_C, s_C)$，当满足以下条件时，具有时空属性的定义域与集合间的关系 R_C是 R_A与 R_B的并集，记作 $R_C = R_A \cup R_B$：

- $r_C = r_A \cup r_B$。
- 当 $t_A = T_A$ 且 $t_B = T_B$ 时，$t_C = t_A \cup t_B$。
- 当 $s_A = S_A$ 且 $s_B = S_B$ 时，$s_C = s_A \cup s_B$。

关于定义 3.31，由于具有时空属性的定义域与集合间的关系 $R(r, t, s)$由时空关系的关系值 r、时态属性 t 和空间属性 s 构成，因此，定义时空属性的定义域与集合间的关系的并集时，需从这三个方面进行讨论。首先，与时空属性的定义域与集合间的关系的交集不同，时空关系的关系值 r 并不会导致与基于 OWL 的时空数据的形式化定义的概念相矛盾，因此，可以通过 $R_A(r_A, t_A, s_A)$和 $R_B(r_B, t_B, s_B)$中的关系值 r_A和关系值 r_B的并集得出。其次，$R_A(r_A, t_A, s_A)$和 $R_B(r_B, t_B, s_B)$中的时态属性 t_A和时态属性 t_B可以通过定义 3.29 得出。最后，$R_A(r_A, t_A, s_A)$和 $R_B(r_B, t_B, s_B)$中的空间属性 s_A和空间属性 s_B可以通过定义 3.30 得出。

根据定义 3.29 至定义 3.31，得到时空 OWL 三元组 $C(D, W, R)$并集的形式化定义，如定义 3.32 所述。

定义 3.32 若存在三个时空 OWL 三元组 $C_A(D_A, W_A, R_A)$，$C_B(D_B, W_B,$

R_B)和 $C_C(D_C, W_C, R_C)$，当满足以下条件时，时空 OWL 三元组 C_C是 C_A和 C_B的并集，记作 $C_C = C_A \cup C_B$：

- $D_C = D_A \cup D_B$。
- $W_C = W_A \cup W_B$。
- $R_C = R_A \cup R_B$。

根据定义 3.32，可以求得两个时空 OWL 三元组的并集。由于时空 OWL 三元组 $C(D, W, R)$中包含具有时空属性的定义域 D、具有时空属性的与定义域相关的事物状态的集合 W、具有时空属性的定义域与集合间的关系 R，因此，在进行两个时空 OWL 三元组的并集操作时，需要通过具有时空属性的定义域 D 的并集操作、具有时空属性的与定义域相关的事物状态的集合 W 的并集操作、具有时空属性的定义域与集合间的关系 R 的并集操作得出。以上具有时空属性的定义域 D、具有时空属性的与定义域相关的事物状态的集合 W、具有时空属性的定义域与集合间的关系 R 的并集操作可以根据定义 3.29、定义 3.30 和定义 3.31 得出，最终通过定义 3.32 得出最后的结果。

时空 OWL 三元组的并集如图 3.6 所示，由上至下包括 5 个部分，分别用第一部分至第五部分指代：时态属性和空间属性部分、两个时空 OWL 类部分、两个时空 OWL 类的并集部分、两个时空 OWL 类 $C_A(D_A, W_A, R_A)$和 $C_B(D_B, W_B, R_B)$部分、两个时空 OWL 类 $C_A(D_A, W_A, R_A)$和 $C_B(D_B, W_B, R_B)$的并集部分。

第一部分包含时态属性和空间属性两部分。对于时态属性，时态属性 T_A和时态属性 T_B的时区应该相同。如果不在同一个时区，需化为同一个时区之后再进行并集操作，从而得出时态属性的并集。当时态属性处于相同时区时，将其表示在同一时间轴上，时间轴的方向为现实中时间变化的方向，将时态属性中的时间区间表示在时间轴上。如图 3.6 所示为同一时区，且时态属性 T_A和时态属性 T_B存在重合部分，可以直接得出这两个时态属性时间区间的并集，并集为时态属性 T_C。值得注意的是，如果时态属性 T_A和时态属性 T_B不存在重合部分，则这两个时态属性的并集是时态属性 T_A和时态属性 T_B的两个时间段。关于时态属性的记录时间，当 $k_A = k_B$ 时，$k_C = k_A = k_B$，否则设置 $k_C = x$。对于空间属性，如图 3.6 所示，空间属性 S_B的经纬度范围与空间属性 S_A的经纬度范围存在重合部分，但并不是一个规则矩形，此时的经纬度范围区间可以通过空间属性 S_A和空间属性 S_B的并集进行表示。关于平均海拔高度 H_C，当 $J_C = \max\{J_A, J_B\}$且

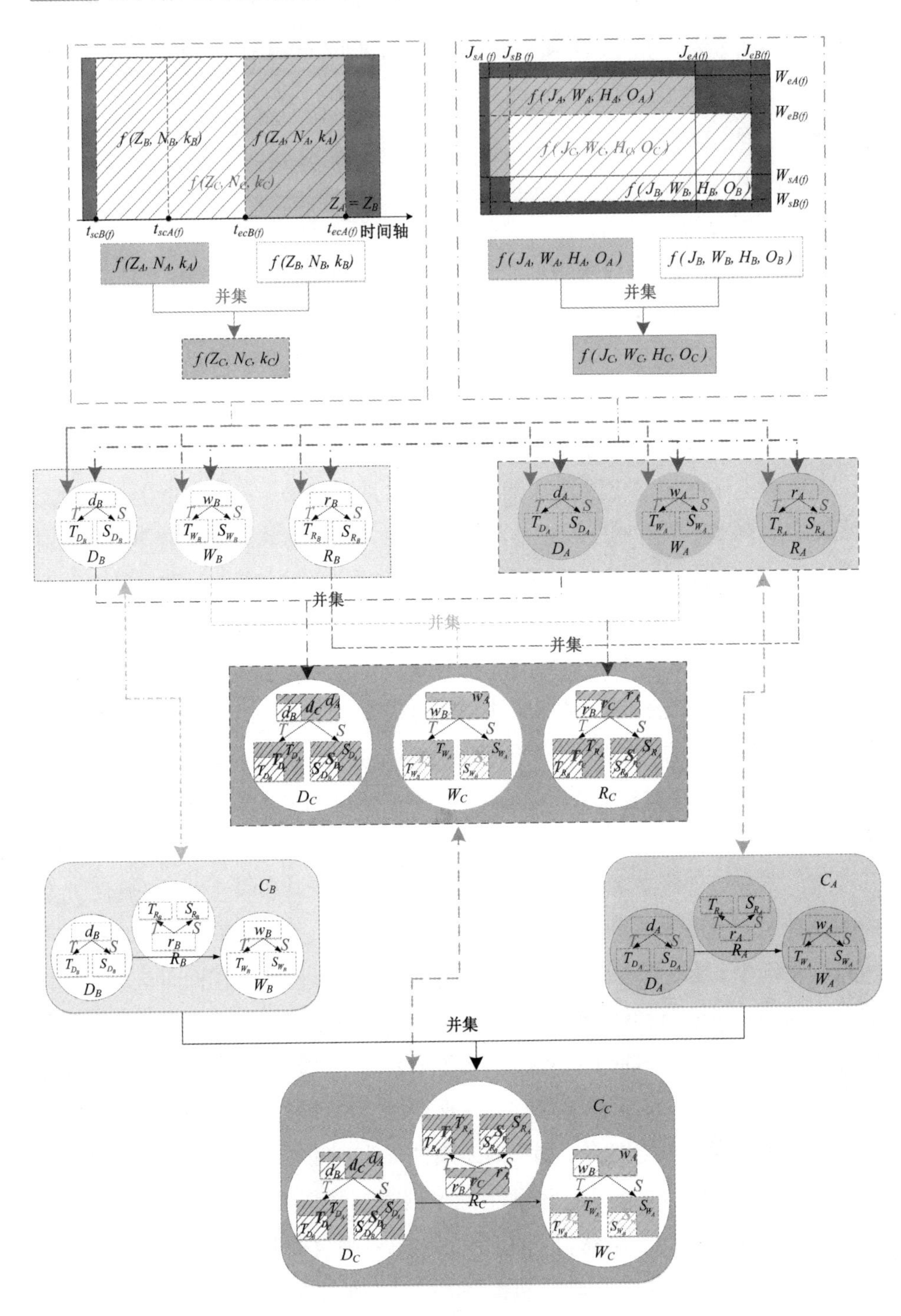

图 3.6　时空并集类图示

$W_C=\max\{W_A, W_B\}$时，H_C为$\max\{J_A, J_B\}$和$\max\{W_A, W_B\}$所对应的海拔高度，$O_C=\max\{O_A, O_B\}$；否则$H_C=\text{average}\{H_A, H_B\}$，$O_C=x$。

第二部分包含两个时空 OWL 类，左半部分表示时空 OWL 类 $C_B(D_B, W_B, R_B)$，包括具有时空属性的定义域 $D_B(d_B, t_B, s_B)$、具有时空属性的与定义域相关的事物状态的集合 $W_B(w_B, t_B, s_B)$以及具有时空属性的定义域与集合间的关系 $R_B(r_B, t_B, s_B)$。右半部分表示另一个时空 OWL 类 $C_A(D_A, W_A, R_A)$，包括具有时空属性定义域 $D_A(d_A, t_A, s_A)$、具有时空属性的与定义域相关的事物状态的集合 $W_A(w_A, t_A, s_A)$以及具有时空属性的定义域与集合间的关系 $R_A(r_A, t_A, s_A)$。如图 3.6 所示，可以得到具有时空属性的定义域 $D_B(d_B, t_B, s_B)$的并集、具有时空属性的与定义域相关的事物状态的集合 $W_B(w_B, t_B, s_B)$的并集以及具有时空属性的定义域与集合间的关系 $R_B(r_B, t_B, s_B)$的并集。

第三部分是第二部分中两个时空 OWL 类的并集，包括具有时空属性的定义域 D_A 和 D_B 的并集、具有时空属性的与定义域相关的事物状态的集合 W_A 和 W_B 的并集、具有时空属性的定义域与集合间的关系 R_A 和 R_B 的并集，得到时空 OWL 类 $C_C(D_C, W_C, R_C)$。

第四部分包含两个时空 OWL 类 $C_A(D_A, W_A, R_A)$和 $C_B(D_B, W_B, R_B)$，其中，$C_A(D_A, W_A, R_A)$对应第二部分中的右半部分、$C_B(D_B, W_B, R_B)$对应第二部分中的左半部分，分别表示两个时空 OWL 类。

第五部分是两个时空 OWL 类 $C_A(D_A, W_A, R_A)$和 $C_B(D_B, W_B, R_B)$的并集，对应第三部分。表示第四部分中两个时空 OWL 类 $C_A(D_A, W_A, R_A)$和 $C_B(D_B, W_B, R_B)$的并集 $C_C(D_C, W_C, R_C)$。

值得注意的是，图 3.6 中有许多双向箭头，表示箭头的两端表示形式不同，但内容相同。

3.5 本章小结

本章从基于 OWL 的时空数据形式化表示入手，详细讨论了具有时空属性的定义域 D 的有限集、具有时空属性的与定义域相关的事物状态的集合 W 的有限集、具有时空属性的定义域与集合间的关系 R 的有限集、基于 OWL 的时空数据、时空数据中的时态属性、时空数据中的空间属性。之后，对时空 OWL 公理类进行研究，包括时空等价类关系和时空子类关系，其中，时空子类关系的研究包括子时态属性、子空间属性、时空子域、时空子集合、时空子关系。在此基础上，研究时空 OWL 逻辑类，包括时空不相交类、时空交集类和时空并集类，分别从时空 OWL 三元组 $C(D, W, R)$ 中要考虑到具有时空属性的定义域 D、具有时空属性的与定义域相关的事物状态的集合 W、具有时空属性的定义域与集合间的关系 R 三个方面的逻辑情况进行了研究。

基于本章提出的时空数据概念模型，第 4 章将基于 RDF 研究时空数据模型。同时，本章的研究也是第 5 章基于子图同构的时空 RDF 数据查询方法的基础。

4　基于 RDF 的时空数据模型

4.1　引　言

时空数据模型是描述现实世界中的时空对象以及时空对象间关系的模型。由于时空应用中的时空数据量大且关系多样化，因此时空数据模型的建立面临挑战。作为语义 Web 数据层中的重要语义架构，RDF 被认为是 Web 数据资源表示和交换的标准模型，是研究时空数据模型的重要手段之一。然而，现有基于 RDF 的时空数据模型大多是孤立的数据模型或约束模型，模型没有考虑后续的时空 RDF 数据查询问题，或在时空 RDF 数据查询方面的性能还有很大的提升空间。基于此，为了更好地查询时空 RDF 数据，本章提出一个基于 RDF 的时空数据模型，为了区别于 stRDF 模型，将其命名为 stRDFS 数据模型，它善于表示动态变化的数据和灵活的时空数据关系。之后，定义时空 RDF 数据图的 4 种结构，包括线性结构、树状结构、星形结构和循环结构。在此基础上，研究 stRDFS 的主要类并对它们进行描述，研究 5 种类型的 stRDFS 图代数。最后，研究时空 RDF 数据的拓扑关系。本章的研究内容为后面章节的研究提供了数据模型基础。

本章 4.1 节是引言部分；4.2 节是时空数据表示模型 stRDFS；4.3 节研究时空 RDF 数据图的结构；4.4 节研究 stRDFS 模型的类和描述；4.5 节是代数操作；4.6 节是实例分析；4.7 节研究时空 RDF 数据的拓扑关系；4.8 节是本章小结。

4.2 时空数据表示模型 stRDFS

通过扩展 RDF 模型(s, p, o)，建模时空 RDF 数据模型 stRDFS。

定义 4.1 给定 URI 集 R、空顶点集 B、文本描述集 K、时间数据集 I 和空间数据集 S，则时空 RDF 数据模型 stRDFS 为 $g(s, p: <t, l>, o)$，$s \in R \cup B$ 代表资源名，$p \in R$ 代表属性名，$o \in R \cup B \cup K \cup I \cup S$ 代表属性值，t 代表时间数据，l 代表空间数据。

在定义 4.1 中，时空 RDF 数据模型 stRDFS 利用属性将时间数据与空间数据关联起来，然后将属性与时空属性链接后形成时空属性 p。当时空数据发生变化时，与之相关联的时空属性也会发生变化。因此，上层处理机制只需要感知时空属性的变化，而不需要精确理解时空数据的变化。

定义 4.2 从 x 到 y 的映射记为 f_{x-y}，其中 x 表示 s 或 p，y 表示 t，l 或 o。

例如，f_{s-o} 表示从 s 到 o 的映射关系，f_{s-t} 表示从 s 到 t 的映射关系。

定义 4.3 给定 stRDFS 模型 $g(s, p: \langle t, l\rangle, o)$，则 $U=\{f_{s-o}, f_{s-t}, f_{s-l}, f_{p-t}, f_{p-l}\}$ 为 g 的映射集。

在定义 4.3 中，f_{s-o} 表示从 s 到 o 的映射，代表属性名；f_{s-t} 表示 s 和时间数据 t 相关联，形成三元组(s, p, t)。在(s, p, t)中，属性名表示时间信息，属性值 t 表示时间数据；f_{s-l} 表示 s 和空间数据相关联，形成三元组(s, p, l)。在(s, p, l)中，属性名表示空间信息，属性值 l 表示空间数据；f_{p-t} 表示 p 和时间数据 t 相关联，和其他映射一起构成一个 stRDFS 元组。当 f_{p-t} 和 f_{s-o} 相结合时形成元组$(s, p: t, o)$，其中，t 表示元组(s, p, o)的有效时间。当 f_{p-t} 和 f_{s-t} 相结合时形成元组$(s, p: t_2, t_1)$，其中，s 的有效时间为 t_1，元组(s, p, t_1)的有效时间为 t_2。当 f_{p-t} 和 f_{s-l} 相结合时形成元组$(s, p: t, l)$，代表 s 和空间数据 l 相关联，其中，元组(s, p, l)的有效时间为 t；f_{p-l} 表示 p 和空间数据相关联，和其他映射一起构成一个 stRDFS 元组。当 f_{p-l} 和 f_{s-o} 相结合时形成元组$(s, p: l, o)$，其中，空间数据 l 表示为(s, p, o)。当 f_{p-l} 和 f_{s-t} 相结合时形成元组$(s, p: l, t)$，表示 s 的有效时间为 t，(s, p, t)的空间数据为 l。当 f_{p-l} 和 f_{s-l} 相结合时形成元组$(s, p: l_2, l_1)$，其中，s 和空间数据 l_1 相关联，(s, p, l_1)的空间数据是 l_2；映射 f_{p-o} 不存在；逻辑上 f_{o-t} 和 f_{o-l} 分别表示 o 的时间数据和空间数据。在 stRDFS 的定义

中，f_{o-t}和f_{o-l}等同于f_{s-t}和f_{s-l}，可以单独作为元组映射出现。例如，$(s_1, p, o: t)$可以转换为(s_1, p_1, o)和(s_2, p_2, t)两个元组，其中，$s_2=o$，p_2表示时间信息。同理，$(s_1, p, o: l)$可以转换为(s_1, p_1, o)和(s_2, p_2, l)两个元组，其中，$s_2=o$，p_2表示空间信息。

定义 4.4 f_{x-y}的值域表示为 $Range(f_{x-y})$，其中 $Range(f_{x-y})=y$.

定义 4.5 给定 stRDFS 模型 $g(s, p: \langle t, l\rangle, o)$，其 stRDFS 图表示为 $G(V, E, F, \lambda, T, L)$，其中 $V=s\cup Range(U)$代表顶点集，$E=\{(r, r')\}$，$\forall r, r'\in V$是从 r 到 r'的边集，$F(r, r')=\{f|(r, f: \langle t, l\rangle, r')\in G\}$，$\forall r, r'\in V^*$是 E 的映射集，λ 是顶点或边的标签集，$T\in Range(f_{s-t}\cup f_{p-t})$，$L\in Range(f_{s-l}\cup f_{p-l})$。

定义 4.5 中有两种情况：第一种如图 4.1(a)所示，stRDFS 图的顶点包含时空信息，其中 $T\in Range(f_{s-t})\cap L\in Range(f_{s-l})$；第二种如图 4.1(b)所示，stRDFS 图的边包含时空信息，其中 $T\in Range(f_{p-t})\cap L\in Range(f_{p-l})$。

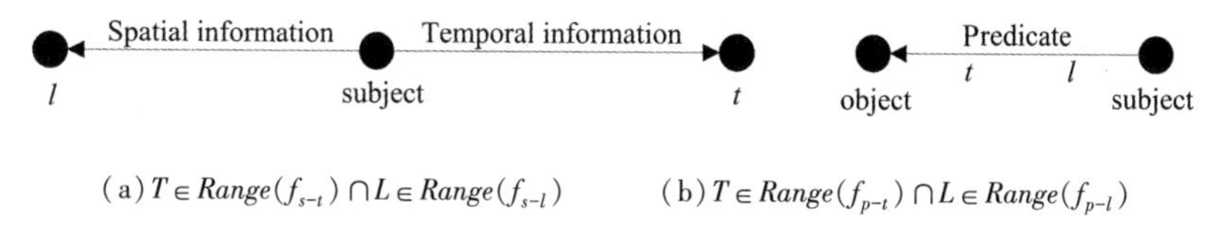

(a) $T\in Range(f_{s-t})\cap L\in Range(f_{s-l})$　　(b) $T\in Range(f_{p-t})\cap L\in Range(f_{p-l})$

图 4.1 stRDFS 中的时空信息

定义 4.6 给定 stRDFS 模型 $g(s, p: \langle t, l\rangle, o)$，$(v_i, f_{vi-vj}, v_j)\in g$，则$(v_i, f_{vi-vj}, v_j)$的时间数据表示为 $Ti=f(N, k)$，其中 $N=[t_{s(f)}, t_{e(f)}]$是有效时间，$t_{s(f)}$和 $t_{e(f)}$分别表示映射f_{vi-vj}的开始时间和结束时间，$k=t_{r(f)}$表示参考时间，通常用来记录现在的时间。

在定义 4.6 中，N 表示时空数据的有效时间。如果有效时间是时间点，则 $t_{s(f)}=t_{e(f)}$。如果有效时间是一个时间段，则 $t_{s(f)}<t_{e(f)}$。基准时间由 k 表示，作为时间轴位置上有效时间的度量。在 stRDFS 模型中，k 被设置为现在时刻，并且模型的时间状态$(s, p: \langle t, l\rangle, o)$由 k 确定。其关系表示如表 4.1 所示。

表 4.1 时间关系表示

	Before	After	Now
$t_{s(f)}<t_{e(f)}$	$t_{e(f)}<k$	$k<t_{s(f)}$	$t_{s(f)}<k<t_{e(f)}$
$t_{s(f)}=t_{e(f)}$	$t_{s(f)}=t_{e(f)}<k$	$k<t_{s(f)}=t_{e(f)}$	$t_{s(f)}=t_{e(f)}=k$

如果模型中没有空间数据，stRDFS 模型就变成了只有时间数据的 tRDFS

模型$(s, p: Ti, o)$，其中，s 是资源名，p 是具有时间数据 Ti 的属性名，$o \in R \cup B \cup K \cup I$ 是 p 的值。在 tRDFS 模型中，存在f_{s-o}，f_{s-t}和f_{p-t}三种映射。当只有f_{s-o}存在时，即没有时间数据时，得到的 tRDFS 模型为(s, p, o)；当只有f_{s-t}存在时，表示 s 的时间数据为 Ti，得到的 tRDFS 模型为(s, p, Ti)，其中，属性表示时间信息，属性值为 s 的时间数据；当f_{p-t}和f_{s-o}同时存在时，得到的 tRDFS 模型为$(s, p: Ti, o)$，表明模型的时间数据为 Ti；当f_{p-t}和f_{s-t}同时存在时，表达式为$(s, p: Ti_1, Ti_2)$，表示模型表达式的时间数据为 Ti_1，s 的时间数据为 Ti_2。如果给定一个 tRDFS 模型 $m(s, p: Ti, o)$，则 m 的 tRDFS 图是一个标号图 $M(V', E', F', \lambda', T')$，其中 $V' = s \cup Range(f_{s-o} \cup f_{s-t})$ 是顶点集，$E' = \{(r, r')\}$，$\forall r, r' \in V'$是边集，$F'(r, r') = \{f \mid (r, f: Ti, r') \in M\}$，$\forall r, r' \in V'$是 E'的映射集，λ'是顶点或边的标签集，$T' \in Range(f_{s-t} \cup f_{p-t})$。

在 tRDFS 图中，有两种情况：第一种如图 4.2(a)所示，tRDFS 图的顶点包含时间信息，其中 $T' \in Range(f_{s-t})$；第二种如图 4.2(b)所示，tRDFS 图的边包含时间信息，其中 $T' \in Range(f_{p-t})$。

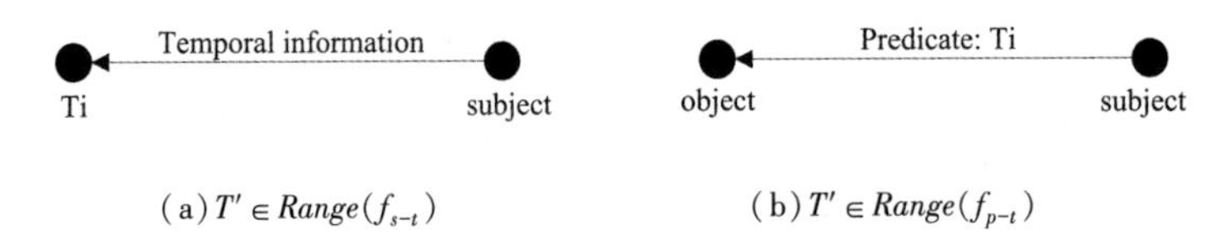

(a) $T' \in Range(f_{s-t})$　　(b) $T' \in Range(f_{p-t})$

图 4.2　tRDFS 中的时间信息

例 4.1　当调用数据库中的数据集 A 时，时间片为 1t，4t 和[8t，13t]（当前时间用 0t 表示），则 tRDFS 模型表示为(program，call1：(1t，0t)，A)，(program，call2：(4t，0t)，A)和(program，call3：([8t，13t]，0t)，A)。没有(program，call，A，[1t，4t，[8t，13t]])的形式。tRDFS 模型将时间数据和属性链接起来，形成时间属性。当时间数据发生变化时，相应的时间属性也会发生变化。例如，(program，call1：(1t，0t)，A)和(program，call2：(4t，0t)，A)是不同的模型表达式，call1，call2 和 call3 是不同的时间属性。在图 4.3 中使用(s, p, o, t)模型表示时间数据，在图 4.4 中使用 tRDFS 模型。通过对这两个图的比较，可以得出结论：tRDFS 模型比(s, p, o, t)模型更能清晰和准确地显示时间信息。

定义 4.7　给定 stRDFS 模型 $g(s, p: \langle t, l \rangle, o)$，$(v_i, f_{vi-vj}, v_j) \in g$，则$(v_i, f_{vi-vj}, v_j)$的空间数据表示为 $Si = f(L, D, H)$，其中，$L \in (0°, 90°N) \cup (0°, 90°S)$表示纬度，$D \in (0°, 180°E) \cup (0°, 180°W)$表示经度，$H$ 表示海拔。

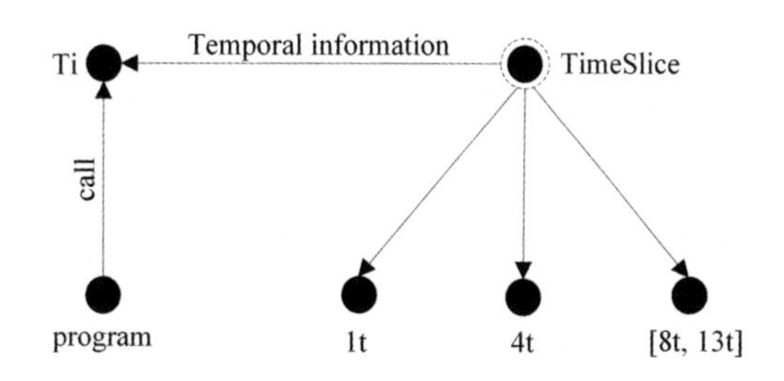

图 4.3　例 4.1 的(s, p, o, t)模型图

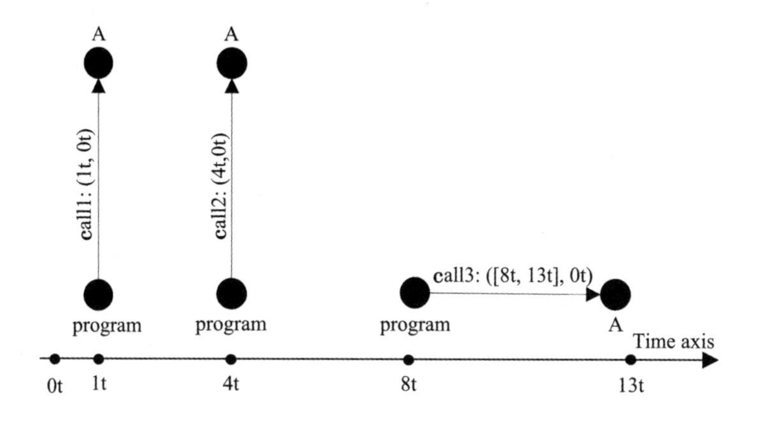

图 4.4　例 4.1 的 tRDFS 图

在实际生活中，可能会出现使用 stRDFS 模型描述大面积空间数据的情况。因此，在 stRDFS 模型中，经度、纬度、高度可能是区间而不是某一个值。在 stRDFS 模型中，使用 $x \sim C$ 来描述范围，其中，x 表示 L, D 或 H, $\sim \in \{<, \leq, \geq, =, >, \neq\}$，$C$ 表示带单位的有理数。例如，areaA 的纬度范围为(30°N, 40°N)，经度范围为(116°E, 118°E)，平均海拔为 50 m。在 stRDFS 模型中，Si 表示为((30°N, 40°N), (116°E, 118°E), 50 m)。空间数据的 stRDFS 描述如下所示：

```
ex: areaA
strdfs: hasGeometry
"(30°N<L<40°N)and(116°E<D<118°E)and(H=50m)"^^ strdfs: SemiLinearPointSet.
```

如果时空 RDF 数据模型 stRDFS 中没有时间数据，stRDFS 模型就变成 sRDFS 模型(s, p: Si, o)，其中，s 是资源名，p 是带有空间数据 Si 的属性名，$o \in R \cup B \cup K \cup S$ 是 p 的值。sRDFS 模型是在 RDF 模型的基础上建立的一种仅包含空间数据的 stRDFS 模型，优于 sRDF 模型(s, p, o, l)。

在 sRDFS 模型中，有三种类型的映射：f_{s-o}，f_{s-l}和f_{p-l}。当只有f_{s-o}存在时，即 sRDFS 中没有空间数据时，得到的 sRDFS 模型为(s, p, o)；当只有f_{s-l}存在时，表明 s 的空间数据是 Si，得到的 sRDFS 模型为(s, p, Si)，其中，属性表示空间信息，属性值是 s 的空间数据；当f_{p-l}和f_{s-o}存在时，得到的 sRDFS 模型是$(s, p: Si, o)$，表明 p 的空间数据是 Si；当仅存在f_{p-l}和f_{s-l}时，形成的 sRDFS 模型为$(s, p: Si_1, Si_2)$，表明该属性的空间数据为 Si_1，s 的空间数据为 Si_2。如果给定 sRDFS 模型 $q(s, p: Si, o)$，则 q 的 sRDFS 图为标号图 $Q(V'', E'', F'', \lambda'', L')$，其中 $V''=s \cup Range(f_{s-o} \cup f_{s-l})$是顶点集，$E''=\{(r, r')\}$，$\forall r, r' \in V''$是边集，$F''(r, r')=\{f|(r, f: Si, r') \in Q\}$，$\forall r, r' \in V''$是 E''的映射集，λ''是顶点或边的标签集，$T'' \in Range(f_{s-l} \cup f_{p-l})$。

在 sRDFS 图中，有两种情况：第一种如图 4.5(a)所示，sRDFS 图的顶点包含空间数据，此时 $L' \in Range(f_{s-l})$；第二种如图 4.5(b)所示，sRDFS 图的边包含空间数据，此时 $L' \in Range(f_{p-l})$。

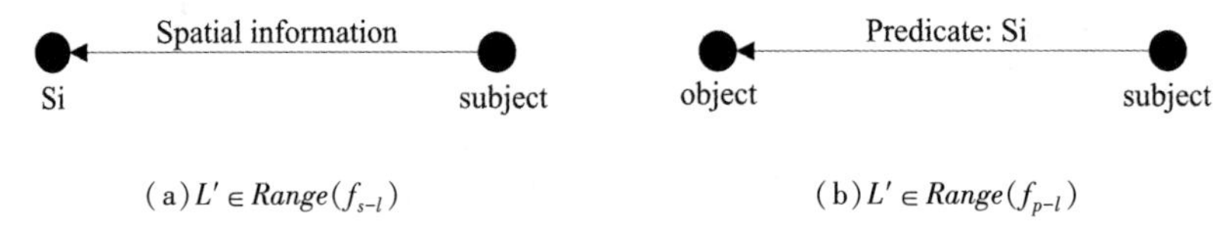

(a)$L' \in Range(f_{s-l})$　　(b)$L' \in Range(f_{p-l})$

图 4.5　sRDFS 中的空间信息

例 4.2　Mary 在一些地区拍摄了许多照片：area1([23.7°N, 24.0°N], [116.5°E, 116.8°E], 50 m)，area2([42.5°N, 43°N], [51.3°E, 51.4°E], 178 m)，area3([35.3°N, 35.8°N], [169.4°E, 169.8°E], 247 m)和 area4([43.4°N, 43.5°N], [74°W, 74.4°W], 12 m)。使用 sRDF 模型(s, p, o, l)描述：(picture, locate in, [area1, are2, area3, area4])，得到的 sRDF 图如图 4.6 所示。在通过这些节点访问空间数据之前，首先要搜索“area”节点。基于此，会产生不必要的空间数据查询开销。这个问题在 sRDFS 模型中可以解决，如图 4.7 所示，信息在 sRDFS 描述为：(Mary, took1: area1, picture)，(Mary, took2: area2, picture)，(Mary, took3: area3, picture)和(Mary, took4: area4, picture)。sRDFS 模型使用空间数据和属性“took”来构建空间属性。由于空间位置不同，空间属性 took1，took2，took3 和 took4 是不同的。在查询空间数据时，可以通过访问属性直接获取数据。

定义 4.8　给定 stRDFS 模型 $g(s, p: \langle t, l \rangle, o)$，$(x, f_{x-y}: \langle t, l \rangle, y) \in g$，

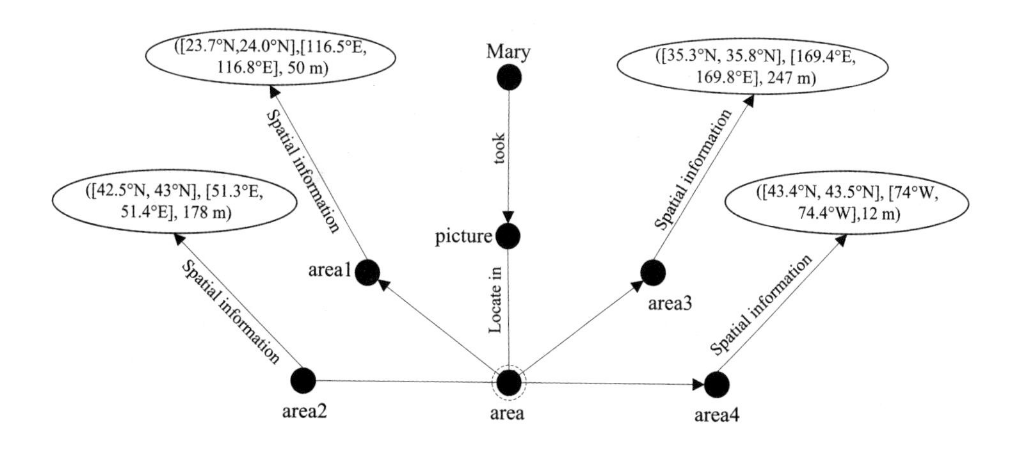

图 4.6　例 4.2 的 sRDF 图

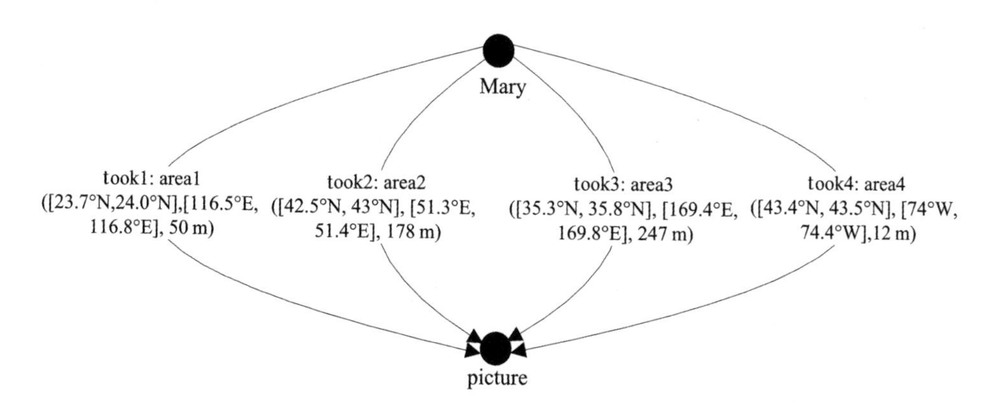

图 4.7　例 4.2 的 sRDFS 图

那么在$(x, f_{x-y}: \langle t, l \rangle, y)$中$t=Ti(f_{x-y})$，$l=Si(f_{x-y})$。

例 4.3　图 4.8 通过 stRDF 模型展示了移动接收机的空间数据和时间数据，本例则使用前文提出的时空 RDF 数据模型 stRDFS 以 stRDFS 图的形式进行描述，其描述结果如图 4.9 所示。

定义 4.9　时空 RDF 数据图是一个 4 元组 $stG=(V, E, L, F_{st})$，其中：

- $V=V_L \cup V_E \cup V_C \cup V_B \cup V_S \cup V_T$代表时空 RDF 数据图的顶点集合。
- E 代表时空 RDF 数据图中两个顶点之间边的集合。
- $L=L_V \cup L_E$为顶点和边的标签集合。
- F_{st}: $V \cup E \to L$ 是从顶点和边到标签集合 L 的映射函数。

在定义 4.9 中，V_L，V_E，V_C，V_B分别代表文本顶点、实体顶点、类顶点以及

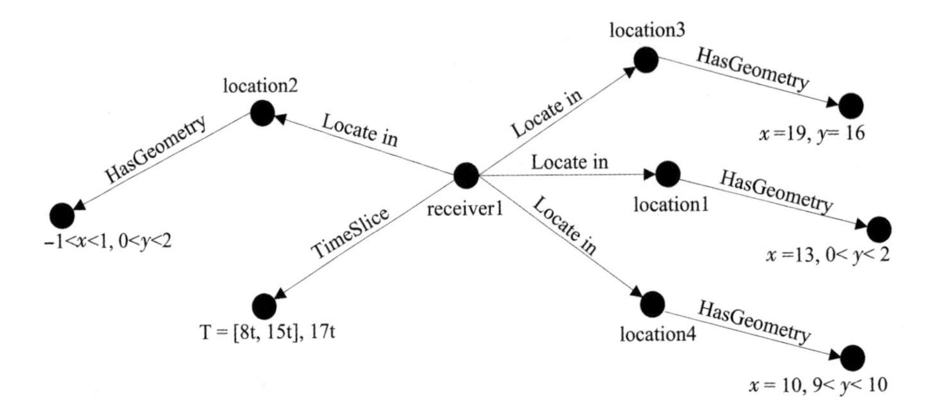

图 4.8　例 4.3 的 stRDF 图

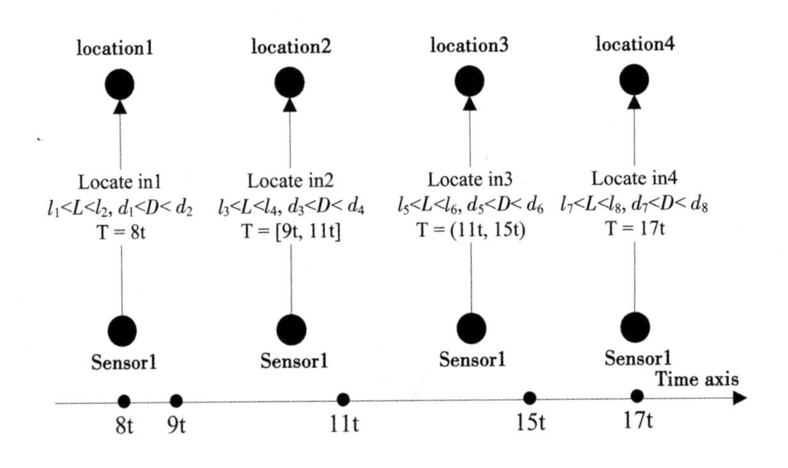

图 4.9　例 4.3 的 stRDFS 图

空顶点，V_S代表空间属性顶点，V_T代表时间属性顶点；$L_E=L_R\cup L_T\cup L_S$为边标签的集合，其中，L_R表示普通关系谓词的标签集合，L_T表示时态属性标签集合，L_S表示空间属性标签集合，$L_V=V_L\cup L_T\cup L_S$是所有顶点标签的集合；对于不同类型的顶点，有 5 种映射情况：① $v\in V_L\Leftrightarrow F_{st}(v)\in V_L$；② $v\in V_E\cup V_C\Leftrightarrow F_{st}(v)\in\{\text{URI}\}$；③ $v\in V_B\Leftrightarrow F_{st}(v)=V_B$；④ $v\in V_S\Leftrightarrow F_{st}(v)\in V_S$；⑤ $v\in V_T\Leftrightarrow F_{st}(v)\in V_T$。

定义 4.10　时空 RDF 查询图是一个 4 元组 $stQ=(V^q, E^q, L^q, F^q_{st})$，其中：

- $V^q=V_L\cup V_E\cup V_C\cup V_B\cup V_S\cup V_T\cup V_P$代表时空 RDF 查询图的顶点集合。
- E^q表示时空 RDF 查询图中两个顶点之间边的集合。
- $L^q=L_V\cup L_E$为顶点和边的标签集合。
- F^q_{st}：$V^q\cup E^q\rightarrow L^q$是从顶点和边到标签集合 L^q的映射函数。

在定义 4.10 中，顶点 V_L，V_E，V_C，V_B，V_S，V_T的含义与定义 4.9 中顶点 V_L，V_E，V_C，V_B，V_S，V_T的含义相同。除此之外，V_P表示时空 RDF 查询图中的参数顶点；$F^q_{st}(V^q)$：$V^q \to L_V$为从顶点到顶点标签的映射函数，$F^q_{st}(E^q)$：$E^q \to L_E$为从边到边标签的映射函数。对于不同类型的顶点，$v \in V_P \Leftrightarrow F^q_{st}(v) = V_B$，其他映射情况与定义 4.9 中的映射情况相同，这里不作赘述。

4.3 时空 RDF 数据图的结构

由于数据库中存在大量不同结构的时空 RDF 数据图，为了更好地表示时空 RDF 数据图以及评估时空 RDF 数据的查询方法，本小节根据其结构将时空 RDF 数据图分为线性结构、树状结构、星形结构和循环结构 4 种。在定义这 4 种类型的结构之前，首先给出顶点前趋和后继的定义。

定义 4.11 在时空 RDF 数据图 stG 中，如果$(v', v) \in E \wedge v', v \in stG$，那么 v'是 v 的前趋，记为 $pre(v)$，v 是 v'的后继，记为 $suc(v')$。

在时空 RDF 数据图 stG 中，$\mathrm{Num}(v' \mid pre(v))$表示 $pre(v)$的数目，$\mathrm{Num}(v \mid suc(v'))$表示 $suc(v')$的数目。

定义 4.12 在时空 RDF 数据图 stG 中，对于$\forall V_i \in (V_1, V_2, \cdots, V_n)$，如果 $suc(V_i) = V_{i+1}(1 \leqslant i < n) \vee suc(V_i) = V_{i+m}(1 < m \leqslant n-i)$，并且 $\mathrm{Num}(V_{i+1} \mid suc(V_i)) = 1$，那么 stG 是线性结构。

定义 4.13 在时空 RDF 数据图 stG 中，对于$\forall V_i \in (V_1, V_2, \cdots, V_n)$，$\forall V_j \in (V_1, V_2, \cdots, V_n)$，如果 $pre(V_i) = pre(V_j) \wedge \mathrm{Num}[V_{i-1} \mid suc(V_i)] = \mathrm{Num}(V_{j-1} \mid suc(V_j) = 2$，其中，$1 < i \leqslant n$，$1 < j \leqslant n$，$i \neq j$，那么 stG 是树状结构。

定义 4.14 在时空 RDF 数据图 stG 中，对于$\forall V_i \in (V_1, V_2, \cdots, V_n)$，如果 $\mathrm{Num}[V_{i+1} \mid suc(V_i)] > 3 \wedge pre(V_{i+1}) = pre(V_{i+2}) = \cdots = pre(V_{i+j}) = V_i(j \geqslant 3)$，那么 stG 是星形结构。

定义 4.15 在时空 RDF 数据图 stG 中，对于$\forall V_i \in (V_1, V_2, \cdots, V_n)$，如果 $suc(V_i) = V_{i+1} \wedge suc(V_{i+1}) = V_{i+2} \wedge \cdots \wedge suc(V_{i+j}) = V_i$，其中 $j > 1$，那么 stG 是循环结构。

时空 RDF 数据图的 4 种结构如图 4.10 所示，实线箭头和虚线箭头分别表示相邻关系和非相邻关系。

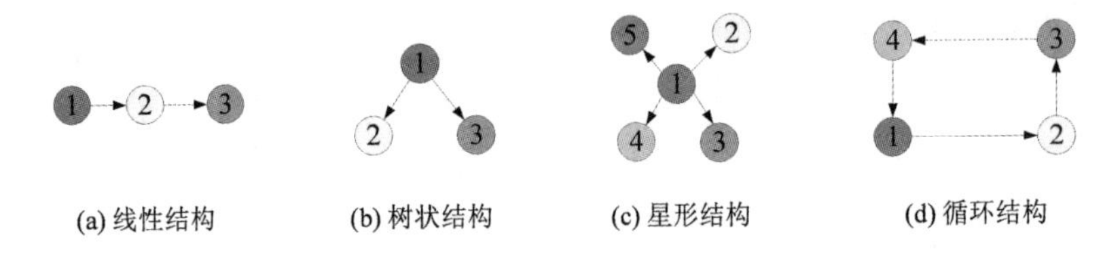

图 4.10　时空 RDF 数据图的结构

4.4　stRDFS 模型的类和描述

本节介绍几种主要类，如图 4.11 所示，包括：strdfs：SpatialObject，strdfs：SpatialGeometry，strdfs：SpatialFeature，strdfs：TemporalObject，strdfs：TimeSlice，strdfs：TemporalFeature，strdfs：SpatiotemporalObject，strdfs：SpatiotemporalGeo。

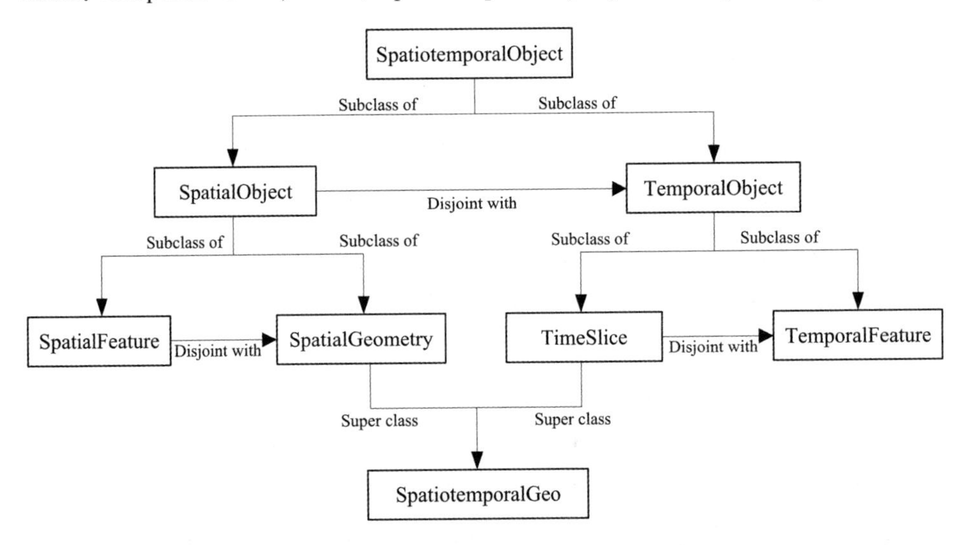

图 4.11　stRDFS 主要类的关系

4.4.1　时空域中的空间类和描述

本节定义了时空数据模型 stRDFS 中的一些主要类，用于描述时空域中的空间类，分别是 strdfs：SpatialObject，strdfs：SpatialGeometry 和 strdfs：SpatialFeature。

类 strdfs：SpatialObject 相当于 RDFS 类 geo：SpatialObject，RDFS 的类集包含 geo：SpatialObject，stRDFS 的类集包含 strdfs：SpatialObject。strdfs：SpatialObject 类表示仅具有空间信息的实体集，其描述如下：

strdfs：SpatialObject	a rdfs：Class，owl：Class；
rdfs：label	"Spatial Object" @ en；
rdfs：comment	"The class SpatialObject represents everything that can have spatial information.It is super class of*SpatialFeature* and *SpatialGeometry*" @ en

类 strdfs：SpatialGeometry 是 strdfs：SpatialObject 的一个子类。类 strdfs：SpatialGeometry 描述了 stRDFS 模型(s，p：$\langle Ti,\ Si\rangle$，o)中的变量 S，包括纬度、经度和海拔。其描述如下：

strdfs：SpatialGeometry	a rdfs：Class，owl：Class；
rdfs：label	"SpatialGeometry" @ en；
rdfs：subClassOf	strdfs：SpatialObject；
owl：disjointWith	strdfs：SpatialGeometry；
rdfs：comment	"This class represents the spatial geometry characteristics of geographic locations. This class is equivalent to*geo*：*Geometry* for RDFS model，and it is superclass of all geometry types." @ en

类 strdfs：SpatialFeature 是 strdfs：SpatialObject 的一个子类，包含了用于描述地貌、地形的地理信息。strdfs：SpatialFeature 和 strdfs：SpatialGeometry 互斥，其描述如下：

strdfs：SpatialFeature	a rdfs：Class，owl：Class；
rdfs：label	"Spatial Feature" @ en；
rdfs：subClassOf	strdfs：SpatialObject；
owl：disjointWith	strdfs：SpatialGeometry；
rdfs：comment	"This class represents the spatial characteristics of geographic locations except geometric information.This class is equivalent to GFI_Feature defined in ISO 19156 and geo：Feature for RDFS model，and it is superclass of all feature types." @ en

例 4.4 已知存在某可移动的大型声波接收器，它的几个部件放在不同的地方。将 stRDF 模型与 stRDFS 模型在它们的空间数据描述方面进行比较。空间数据在 stRDF 模型中的描述如下：

ex: receiver1	rdf: type	ex: SoundWaveReceiver
ex: receiver1	ssn: measures	ex: sound
ex: receiver1	ssn: hasLocation	ex: location
ex: location	strdf: hasGeometry	"(20.9°N<L<21°N and 45.8°E<D<=46°E) or (L=21°N and D=46°E) or (29°N<L<30°N and 49°E<D<=51°E)" ^^strdf: SemiLinearPointSet

在上述声波接收器的描述中，ssn 是本体 CSIRO/SSN 的命名空间，ex: location 表示声波接收器的空间位置，"(20.9°N<L<21°N and 45.8°E<D<=46°E) or (L=21°N and D=46°E) or (29°N<L<30°N and 49°E<D<=51°E)"是 ex: location 的属性值。空间数据在 stRDFS 模型中的描述如下：

ex: receiver1	rdf: type	ex: SoundWaveReceiver
ex: receiver1	ssn: measures	ex: sound
ex: receiver1	ssn: hasLocation1	ex: location1
ex: receiver1	ssn: hasLocation2	ex: location2
ex: receiver1	ssn: hasLocation3	ex: location3
ssn: hasLocation1	strdfs: SpatialGeometry	"(20.9°N<L<21°N and 45.8°E<D<=46°E)" ^^strdfs: SemiLinearPointSet
ssn: hasLocation2	strdfs: SpatialGeometry	"(L = 21° N and D = 46° E)" ^^strdfs: SemiLinearPointSet
ssn: hasLocation3	strdfs: SpatialGeometry	"(29°N<L<30°N and 49°E<D<=51°E)" ^^strdfs: SemiLinearPointSet

通过对 stRDF 和 stRDFS 中的空间描述对比，可以看出：strdf: hasGeometry 可以描述空间对象的空间数据，而 strdfs: SpatialGeometry 可以描述空间对象的任何部分或整个空间对象的部分空间数据。基于此，可以得出结论：stRDFS 模型更支持空间数据的快速搜索，能够反映空间数据的整体或局部变化。

4.4.2 时空域中的时间类和描述

本节定义了时空数据模型 stRDFS 中的一些主要类，用于描述时空域中的时间类，分别是：strdfs: TemporalObject，strdfs: TimeSlice 和 strdfs: TemporalFeature。

类 strdfs: TemporalObject 是包含时间数据的实体集，其描述如下：

strdfs: TemporalObject	a rdfs: Class, owl: Class;
rdfs: label	"Temporal Object" @ en;
rdfs: comment	"The class TemporalObject represents everything that can have temporal information. It is superclass of *TemporalFeature* and *TimeSlice*" @ en

类 strdfs: TimeSlice 是 strdfs: TemporalObject 的一个子类，是有效时间和参考时间的集合，包括时间点和时间段。在 stRDFS 模型中，strdfs: TimeSlice 用于描述变量 *Ti*，其描述如下：

strdfs: TimeSlice	a rdfs: Class, owl: Class;
rdfs: label	"TimeSlice" @ en;
rdfs: subClassOf	strdfs: TemporalObject;
owl: disjointWith	strdfs: TemporalFeature;
rdfs: comment	"This class represents the time occupied by everything with temporal information. This class describes the time point or time interval" @ en

类 strdfs: TemporalFeature 是 strdfs: TemporalObject 的一个子类，它和 strdfs: TimeSlice 互斥，包括时间实体的其他时间数据，如时区、时间、时间维度和存在时间。strdfs: TemporalFeature 的描述如下：

strdfs: TemporalFeature	a rdfs: Class, owl: Class;
rdfs: label	"Temporal Feature" @ en;
rdfs: subClassOf	strdfs: TemporalObject;
owl: disjointWith	strdfs: TimeSlice;
rdfs: comment	"This class represents the temporal information of everything except the valid time and reference time." @ en

例 4.5 已知一个 Java 程序 program1，计算机在 8t 和 18t 时调用它；一个 python 程序 program2，计算机在[9t, 14t]时调用它。这里将 0t 设为参考时间，用这个例子来对比 stRDF 和 stRDFS 模型。stRDF 模型对上述信息的描述如下：

ex: program1	rdf: type	ex: JavaProgram
ex: program2	rdf: type	ex: PythonProgram
ex: program1	om: procedure	ex: CountProgram
ex: program2	om: procedure	ex: OutputProgram
ex: program1	om: hasPro1Call	ex: TimeSlice1

ex：program2	om：hasPro2Call	ex：TimeSlice2
ex：TimeSlice1	strdf：TimeSlice	"(t=8t and t = 18t) and k = 0t." ^^ strdf：SemiLinearPointSet.
ex：TimeSlice2	strdf：TimeSlice	"9t≤t≤14t and k=0t." ^^strdf：SemiLinearPointSet

在上述程序的描述中，om 是 O&M-OWL 本体的命名空间，ex 代表一个本体示例。ex：TimeSlice1 表示调用 program1 时的时间片，ex：TimeSlice2 表示调用 program2 时的时间片。stRDFS 模型的描述如下：

ex：program1	rdf：type	ex：JavaProgram
ex：program2	rdf：type	ex：PythonProgram
ex：program1	om：procedure	ex：CountProgram
ex：program2	om：procedure	ex：OutputProgram
ex：program1	om：hasPro1Call1	ex：TimeSlice1
ex：program1	om：hasPro1Call2	ex：TimeSlice2
ex：program2	om：hasPro2Call1	ex：TimeSlice2
om：hasPro1Call1	strdfs：TimeSlice	"t=8t and k=0t." ^^strdfs：SemiLinearPointSet.
om：hasPro1Call2	strdfs：TimeSlice	"t=18t and k=0t." ^^strdfs：SemiLinearPointSet.
om：hasPro2Call1	strdfs：TimeSlice	"9t≤t≤14t and k=0t." ^^strdfs：SemiLinearPointSet.

类 strdfs：TimeSlice 表示程序的有效时间和参考时间。当有效时间为时间点时，stRDFS 用等式表示时间数据，如 t=8t 和 t=18t；当有效时间为时间段时，用不等式表示时间间隔，如 9t≤t≤14t。与 stRDF 模型相比，stRDFS 用属性 om：hasPro1Call1，om：hasPro1Call2 和 om：hasPro2Call1 建立时间数据链路，其中，om：hasPro1Call1 表示 program1 的第一次调用，om：hasPro1Call2 表示 program1 的第二次调用，om：hasPro2Call1 表示 Program2 的第一次调用。基于这一特性，stRDFS 模型可以表示一个时间实体的任何时间数据，并能记录时间属性的任何变化。

4.4.3 时空域中的时空类和时空描述

本节定义了时空数据模型 stRDFS 中的一些主要类，用于描述时空域中的时空类，包括：strdfs：SpatiotemporalObject，strdfs：SpatiotemporalGeo 和 strdfs：SemiLinearPointSet。

类 strdfs：SpatiotemporalObject 是一个包含时空实体的集合，是 strdfs：TemporalObject 和 strdfs：SpatialObject 的超集，其描述如下：

strdfs：SpatiotemporalObject	a rdfs：Class，owl：Class；
rdfs：label	"Spatiotemporal Object" @ en；
rdfs：comment	"The class：SpatiotemporalObject represents everything that can have spatiotemporal information.It is super class of SpatialObject and TemporalObject" @ en

类 strdfs：SpatiotemporalGeo 用于描述时空实体的几何数据，是 strdfs：SpatialGeometry 和 strdfs：TimeSlice 的超集，其描述如下：

strdfs：SpatiotemporalGeo	a rdfs：Class，owl：Class；
rdfs：label	"Spatiotemporal Geometry" @ en；
rdfs：comment	"The class is based on*strdf*：*hasTrajectory*.It is super class of SpatialGeometry and TimeSlice" @ en

类 strdfs：SemiLinearPointSet 是用于表示时间值、经度值、纬度值和海拔等的有理数集合，其描述如下：

strdfs：SemiLinearPointSet	a rdfs：Class，owl：Class；
rdfs：label	"SemiLinearPointSet" @ en；
rdfs：comment	"This class is the set of rational numbers" @ en

例 4.6 已知存在一个大型的声波接收器，它接收到声波后调用相应的程序进行分析。对 stRDF 模型和 stRDFS 模型在时空信息的描述方面进行比较。stRDF 模型对上述信息的描述如下：

ex：program1	rdf：type	ex：JavaProgram
ex：program2	rdf：type	ex：PythonProgram
ex：program1	om：procedure	ex：CountProgram
ex：program2	om：procedure	ex：OutputProgram
ex：program1	om：hasPro1Call	ex：receiver2
ex：program2	om：hasPro2Call	ex：receiver2
ex：receiver2	rdf：type	ex：SoundWaveReceiver
ex：receiver2	ssn：measures	ex：sound
ex：receiver2	ssn：hasLocation	ex：location1

ex：location1	strdf：hasTrajectory	“(t=6t and t=16t or 7t ≤t≤14t) and k=0t and((21. 8°N<L<22. 1°N and 45. 9°E<D<=46°E) or (L=22. 1°N and D=46°E))” ^^strdf：SemiLinearPointSet.

在 stRDF 模型中，strdf：hasTrajectory 是描述 location1 的 strdf：hasTrajectory 的时空数据属性值。在时空维度中它只能记录整个实体的时空数据，而不是对象的某一部分的时空数据。例如，stRDF 模型不能表示 $t=6t$ 时的空间数据和目标在(L=22. 1°N and D=46°E)时的时间数据。而且，由于 stRDF 在链接时空数据方面的能力较弱，如果在某一时间或某一空间位置有属性值发生变化，它所记录的数据会不准确。stRDFS 模型解决了这个问题，结果如下：

ex：program1	rdf：type	ex：JavaProgram
ex：program2	rdf：type	ex：PythonProgram
ex：program1	om：procedure	ex：AnalysisProgram
ex：program2	om：procedure	ex：AnalysisProgram
ex：program1	om：hasPro1Call	ex：receiver2
ex：program2	om：hasPro2Call	ex：receiver2
ex：receiver2	rdf：type	ex：SoundWaveReceiver
ex：receiver2	ssn：measures	ex：sound
ex：receiver2	ssn：hasLocation1	ex：location1
ex：receiver2	ssn：hasLocation2	ex：location2
om：hasPro1Call	strdfs：SpatiotemporalGeo	“t=6t and t=16t and k=0t and(21. 8°N<L<22. 1°N and 45. 9°E<D<=46°E)” ^^strdfs：SemiLinearPointSet
om：hasPro2Call	strdfs：SpatiotemporalGeo	“7t≤t≤14t and L=22. 1°N and D=46°E and k=0t” ^^strdfs：SemiLinearPointSet
ssn：hasLocation1	strdfs：SpatialGeometry	“(21. 8°N<L<22. 1°N and 45. 9°E<D<=46°E)” ^^strdfs：SemiLinearPointSet
ssn：hasLocation2	strdfs：SpatialGeometry	“(L = 22. 1° N and D = 46° E)” ^^strdfs：SemiLinearPointSet

当 $t=6t$ 和 $t=16t$ 时，接收器调用 program1 来分析 Location1 处的数据；当 $t\in[7t, 14t]$ 时，接收器调用 program2 来分析 Location2 处的数据。在 stRDFS 模

型中还描述了 om：hasPro1Call 和 om：haspro2call 的时空数据。与 stRDF 不同的是，时空 RDF 数据模型 stRDFS 可以表示时空数据，记录时空属性在任何时间、任何位置的变化，这有利于常见属性值的修改。

4.5 代数操作

本节介绍五种类型的 stRDFS 图代数，分别是并操作、交操作、差操作、笛卡儿积操作和筛选操作。

定义 4.16 给定两个 stRDFS 图 $A(V_A, E_A, F_A, T_A, L_A)$ 和 $B(V_B, E_B, F_B, T_B, L_B)$，$A$ 和 B 的并操作定义为 $A \cup B=(V, E, F, T, L)$，其中：

- $V=V_A \cup V_B$。
- $E=E_A \cup E_B$。
- $F=F_A \cup F_B$。
- $\Pi_N T=\Pi_N T_A \cup \Pi_N T_B$。
- $\Pi_k T=\min\{\Pi_N T_A, \Pi_N T_B\}$。
- $L=L_A \cup L_B$。

在定义 4.16 中，$\Pi_{N/k}(x)$ 表示 x 在 N/k 上的投影，其中 $N=[t_{s(f)}, t_{e(f)}]$ 为有效时间，$k=t_{r(f)}$ 为当前记录的参考时间。在 $N=[t_{s(f)}, t_{e(f)}]$ 中，$t_{s(f)}$ 表示映射 f_{vi-vj} 的开始时间，$t_{e(f)}$ 表示映射 f_{vi-vj} 的结束时间，min 表示最小参考时间。在 stRDFS 图中，要求每个边和每个节点的时间数据中的参考时间必须一致。在两个 stRDFS 图上执行并操作时，两个图的参考时间必须一致。为便于描述，统一选取最小参考时间作为所得图的参考时间。

如图 4.12 所示，有两个 stRDFS 图(a)和(b)，基于定义 4.16 中执行了并操作的结果如图 4.12(c)所示。其中，实线表示两点之间的关系一定存在，虚线表示两点之间的关系不一定存在。

定义 4.17 给定两个 stRDFS 图 $A(V_A, E_A, F_A, T_A, L_A)$ 和 $B(V_B, E_B, F_B, T_B, L_B)$，$A$ 和 B 的交操作定义为 $A \cap B=(V, E, F, T, L)$，其中：

- $V=V_A \cap V_B$。
- $E=E_A \cap E_B$。
- $F=F_A \cap F_B$。

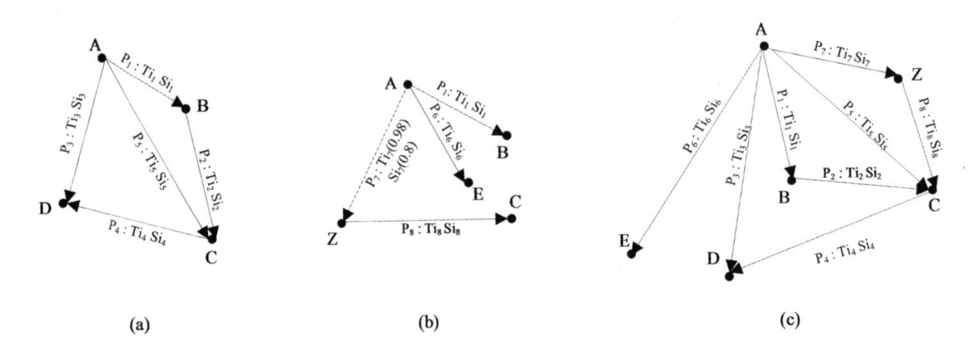

图 4.12 stRDFS 图的并操作图

- $\Pi_N T=\Pi_N T_A \cap \Pi_N T_B$。
- $\Pi_k T=\min\{\Pi_N T_A,\ \Pi_N T_B\}$。
- $L=L_A \cap L_B$。

如图 4.13 所示，有两个 stRDFS 图(a)和(b)，通过执行定义 4.17 中的交操作可以得到如图 4.13(c)所示的结果。

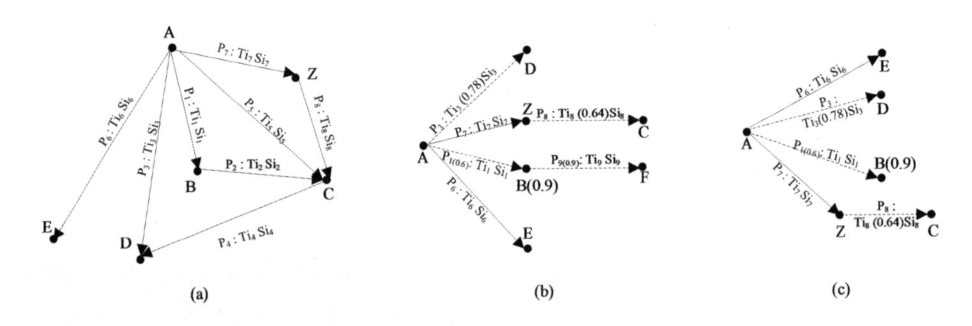

图 4.13 stRDFS 图的交操作图

定义 4.18 给定两个 stRDFS 图 $A(V_A, E_A, F_A, T_A, L_A)$ 和 $B(V_B, E_B, F_B, T_B, L_B)$，$A$ 和 B 的差操作定义为 $A-B=(V, E, F, T, L)$，其中：

- $E=E_A-E_B$。
- V 是 E 的顶点。
- F 是 E 的映射集。
- T 是 F 的时间集。
- L 是 F 的空间集。

上述 RDF 图的代数运算主要用于传统的 RDF 数据集，无法处理复杂的时空 RDF 数据集。因此，本节旨在对传统的 RDF 图运算进行扩展，建立一个针对时空数据的 RDF 图代数。如图 4.14 所示，可以利用定义 4.18 对两个 stRDFS 图(a)和(b)进行差操作，获得如图(c)所示结果。

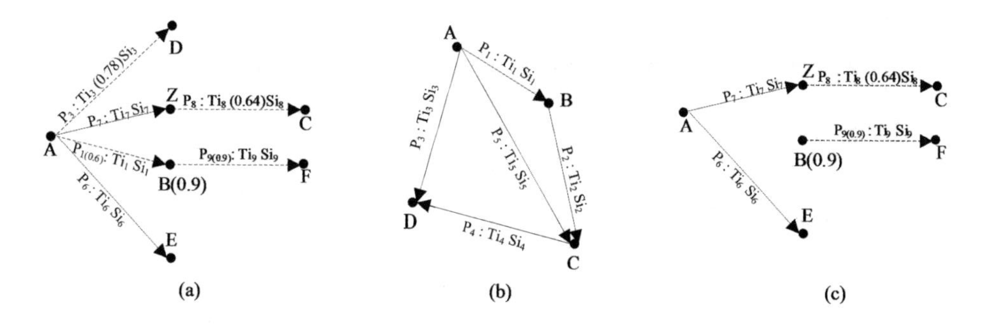

图 4.14 stRDFS 图的差操作图

定义 4.19 给定两个 stRDFS 图 $A(V_A, E_A, F_A, T_A, L_A)$ 和 $B(V_B, E_B, F_B, T_B, L_B)$，$A$ 和 B 的笛卡儿积操作定义为 $A \times B = (V, E, F, T, L)$，其中：

- $V = V_A \times V_B$。
- $E = \{(u, u_2)(u, v_2) \mid u \in V_A, u_2v_2 \in E_B\} \cup \{(u_1, \omega)(v_1, \omega) \mid \omega \in V_B, u_1v_1 \in E_A\}$。
- F 是 E 的映射集。
- T 是 F 的时间集。
- L 是 F 的空间集。

图 4.15 中有两个 stRDFS 图(a)和(b)。利用定义 4.19，可以得到如图(c)所示的笛卡儿积操作结果。

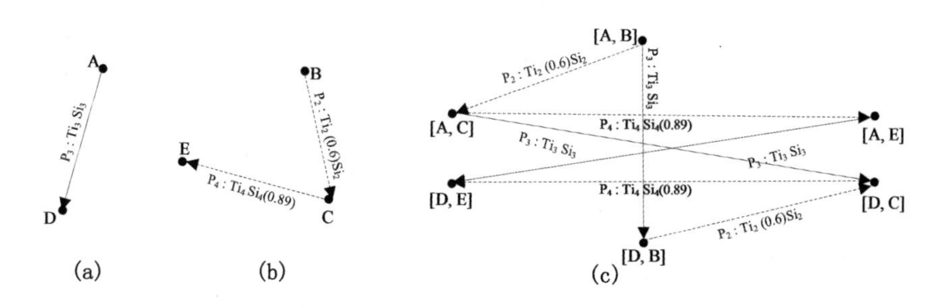

图 4.15 stRDFS 图的笛卡儿积操作图

定理 4.1 给定两个 stRDFS 图 $A(V_A, E_A, F_A, T_A, L_A)$ 和 $B(V_B, E_B, F_B, T_B, L_B)$，可以得出以下结论。

- $A \cup B$ 的结果均为 stRDFS 图。

- $A \cap B$ 的结果均为 stRDFS 图。
- $A-B$ 的结果均为 stRDFS 图。
- $A \times B$ 的结果均为 stRDFS 图。

定义 4.20 stRDFS 图模式为一个 6 元组 $P=(V_P, E_P, F_P, T_P, L_P, R_e)$，其中：

- V_P是顶点的有限集合。
- E_P是有向边的有限集合。
- F_p是 E_p的映射集。
- T_P是一个时间集。
- L_P是一个空间集。
- $R_e=\{R_1R_2, R_1 | R_2, R+, \varepsilon\}$是一组用于描述 E_p的筛选规则，其中 R 表示筛选规则。

在实际操作中，需要按照一定的规则对 stRDFS 图进行筛选，使得到的图符合要求，定义 4.20 中描述的 stRDFS 图模式表示筛选规则。在实际操作中，输入往往是筛选规则和需要处理的 stRDFS 图，输出是满足指定要求的结果图。

根据 stRDFS 图筛选规则，可以得到如下结论：V_p是从规则中抽象出来的顶点模式，每个顶点模式对应于筛选后 stRDFS 图中的一组顶点；E_p是筛选规则中属性的抽象，每个边代表被筛选的 stRDFS 图的一种边的类型；F_p是规则中属性名称的抽象集合；T_p是筛选规则中的时间数据集；L_p是筛选规则中的空间数据集；Re 是正则表达式，有四种形式：R_1R_2，$R_1 | R_2$，R^+和 ε，R_1R_2表示两个相邻规则的表达式串联，$R_1 | R_2$是另一种表达式，表示可以通过满足两个规则中的一个来完成筛选，R^+表示 R 的一次或多次出现，ε 表示没有筛选规则来筛选 stRDF 图。

例 4.7 若存在一个 stRDFS 图模式 P，它对关于出生在一个城市的作家（? w）的信息进行建模表示，该作家 2016—2018 年在一个城市写的书（? book）的费用超过 10 美元（? f> \$10），以及书的类型为喜剧，则 P 可以以图 4.16 的形式表示。

使用图 4.17 所示的 stRDFS 图 G，根据定义 4.20 中的筛选操作，对 P 和 G 进行时空筛选的结果如图 4.18 所示。

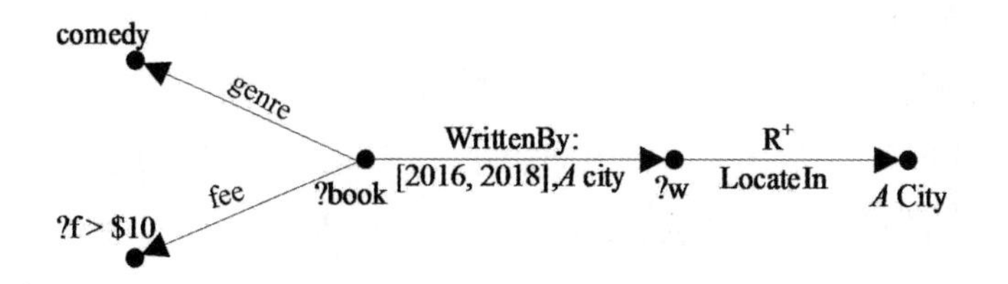

图 4.16　stRDFS 图模式 *P*

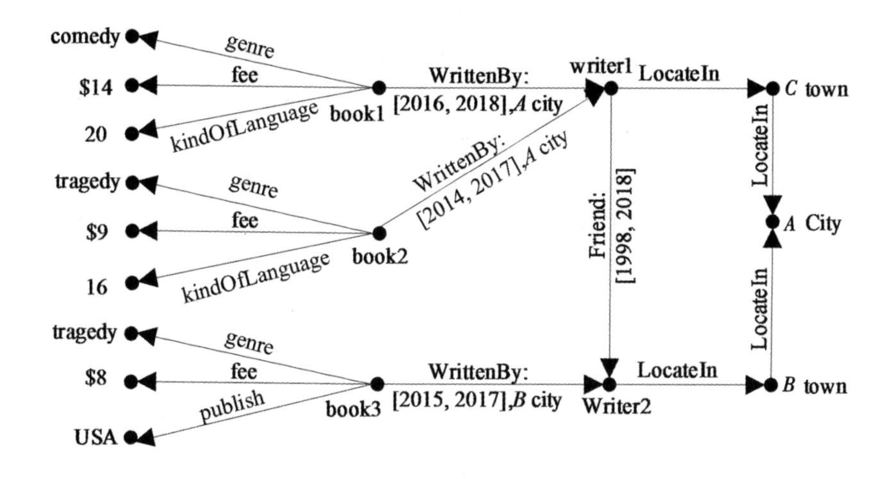

图 4.17　stRDFS 图模式 *G*

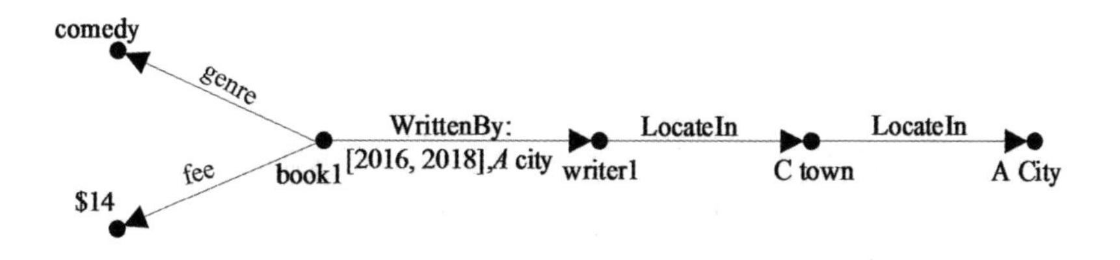

图 4.18　stRDFS 图的筛选运算结果图

4.6　实例分析

前文提出了时空 RDF 数据模型 stRDFS，包括 stRDFS 数据模型的表示方法、时空 RDF 数据图、时空 RDF 查询图等。之后，定义了时空 RDF 数据图的 4 种结构。在此基础上，研究了 stRDFS 模型的类和描述，包括时空域的空间类和描述、时空域的时间类和描述以及时空域中的时空类和时空描述。本节通过一个实例验证所提模型的正确性。实例选择西南航空 1524 航班，从洛杉矶飞往旧金山，起飞时间为 2019 年 8 月 9 日上午 5：23，降落时间为上午 6：14。每隔两分钟对飞行路径进行一次取点，并将其命名为 $Pi(i=1, 2, \cdots)$，航班飞行的相关时态信息以及空间信息如表 4.2 所示。

表 4.2　Southwest 1524 的时空数据

Point	Time(CST)	Latitude	Longitude	Feet/m
*P*1	05：22：35 AM	33.9389	−118.3900	150
*P*2	05：24：37 AM	33.8877	−118.4981	4150
*P*3	05：26：42 AM	33.8086	−118.6459	9550
*P*4	05：28：48 AM	33.7913	−118.8754	14375
*P*5	05：30：45 AM	33.8788	−119.0721	19925
*P*6	05：32：35 AM	34.0390	−119.2378	24675
*P*7	05：34：33 AM	34.2246	−119.4261	28800
*P*8	05：36：33 AM	34.4233	−119.6296	32050
*P*9	05：38：46 AM	34.6417	−119.8546	36000
*P*10	05：40：24 AM	34.8029	−120.0215	36000
*P*11	05：42：37 AM	35.0218	−120.2497	36000
*P*12	05：44：37 AM	35.2173	−120.4552	36000
*P*13	05：46：49 AM	35.4360	−120.6779	36000
*P*14	05：48：49 AM	35.6380	−120.8695	36000
*P*15	05：50：40 AM	35.8254	−121.0478	36000
*P*16	05：52：32 AM	36.0149	−121.2312	34775
*P*17	05：54：29 AM	36.2047	−121.4151	29650
*P*18	05：56：31 AM	36.3925	−121.5987	25125
*P*19	05：58：37 AM	36.5898	−121.7745	20625
*P*20	06：00：26 AM	36.7608	−121.8987	16700
*P*21	06：02：26 AM	36.9641	−121.9578	12850
*P*22	06：04：26 AM	37.1471	−122.0294	10000
*P*23	06：06：30 AM	37.3027	−122.0903	7450
*P*24	06：08：39 AM	37.4542	−122.1459	4950
*P*25	06：10：31 AM	37.5614	−122.1943	2750
*P*26	06：12：30 AM	37.5886	−122.2975	1075
*P*27	06：14：00 AM	37.6109	−122.3506	46

如表 4.2 所示为 $P1$ 到 $P27$ 的时空数据，这里仅以 $P2$ 为例，将以上部分提出的方法应用于航空领域，如图 4.19 所示。

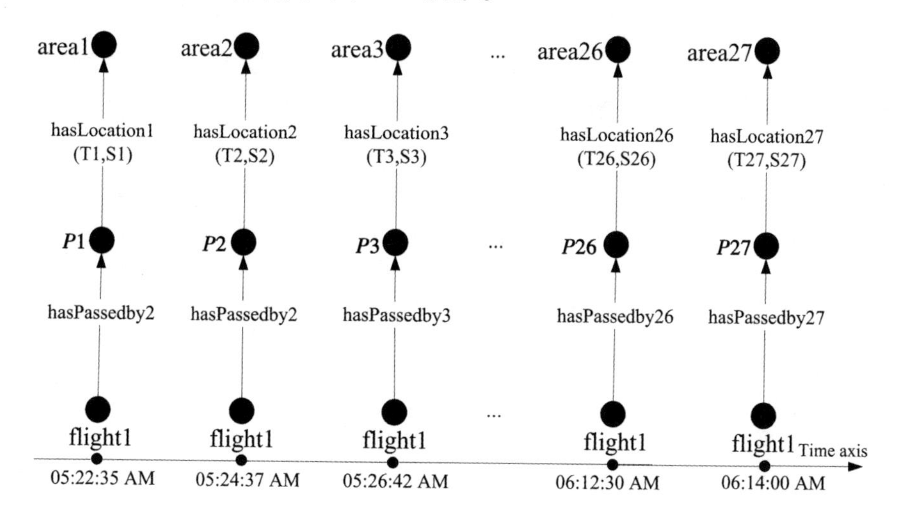

图 4.19　Southwest 1524 的 stRDFS 图

根据定义 4.6 中的 $Ti=f(N, k)(i=1, 2, 3, \cdots)$，表 4.2 中“$N$=05：24：37 AM，$k$=0t”可表示为 $T2$=(05：24：37 AM，0t)。根据定义 4.7 中的 $Si=f(L, D, H)(i=1, 2, 3, \cdots)$，表 4.2 中“$L$=33.8877，$D$=−118.4981，$H$=4150 m”可表示为 $S2$=(33.8877，−118.4981，4150 m)。根据定义 4.8 中的 stRDFS 模型 $g(s, p: \langle t, l\rangle, o)$，图 4.19 的描述表示如下：

ex：flight1	rdf：name	ex：Southwest 1524
ex：flight1	rdf：type	ex：B737
ex：flight1	om：hasPassedby1	ex：$P1$
ex：flight1	om：hasPassedby2	ex：$P2$
ex：flight1	om：hasPassedby3	ex：$P3$
…	…	…
ex：flight1	om：hasPassedby26	ex：$P26$
ex：flight1	om：hasPassedby27	ex：$P27$
ex：$P1$	ssn：hasLocation1	ex：area1
ex：$P2$	ssn：hasLocation2	ex：area2
ex：$P3$	ssn：hasLocation3	ex：area3
…	…	…

ex: *P26*	ssn: hasLocation26	ex: area26
ex: *P27*	ssn: hasLocation27	ex: area27
om: hasPassedby1	strdfs: SpatiotemporalGeo	"*t*=05: 22: 35 AM t and *k*=0t and(L=33.9389, *D*=-118.3900 and *H*=150 m)" ^^strdfs: SemiLinearPointSet
om: hasPassedby2	strdfs: SpatiotemporalGeo	"*t*=05: 24: 37 AM and *k*=0t and(*L*=33.8877, *D*=-118.4981 and *H*=4150 m)" ^^strdfs: SemiLinearPointSet
om: hasPassedby3	strdfs: SpatiotemporalGeo	"*t*=05: 26: 42 AM and *k*=0t and(*L*=33.8086, *D*=-118.6459 and *H*=9550 m)" ^^strdfs: SemiLinearPointSet
…	…	…
om: hasPassedby26	strdfs: SpatiotemporalGeo	"*t*=06: 12: 30 AM and *k*=0t and(*L*=37.5886, *D*=-122.2975 and *H*=1075 m)" ^^strdfs: SemiLinearPointSet
om: hasPassedby27	strdfs: SpatiotemporalGeo	"*t*=06: 14: 00 AM and *k*=0t and(*L*=37.6109, *D*=-122.3506 and *H*=46 m)" ^^strdfs: SemiLinearPointSet
ssn: hasLocation1	strdfs: SpatialGeometry	"(L=33.9389, *D*=-118.3900 and *H*=150 m)" ^^strdfs: SemiLinearPointSet
ssn: hasLocation2	strdfs: SpatialGeometry	"(*L*=33.8877, *D*=-118.4981 and *H*=4150 m)" ^^strdfs: SemiLinearPointSet
ssn: hasLocation3	strdfs: SpatialGeometry	"(*L*=33.8086, *D*=-118.6459 and *H*=9550 m)" ^^strdfs: SemiLinearPointSet
…	…	…
ssn: hasLocation26	strdfs: SpatialGeometry	"(*L*=37.5886, *D*=-122.2975 and *H*=1075 m)" ^^strdfs: SemiLinearPointSet
ssn: hasLocation27	strdfs: SpatialGeometry	"(*L*=37.6109, *D*=-122.3506 and *H*=46 m)" ^^strdfs: SemiLinearPointSet

4.7 时空 RDF 数据的拓扑关系

4.7.1 拓扑关系

为了描述时空实体之间的关系，本节定义了 11 种类型的拓扑关系，分别是：Equal，Disjoint，Meet，Overlap，Cover，CoveredBy，Inside，Contain，Before，Now 和 After。关系名、关系 URI 和域的关系如表 4.3 所示。

表 4.3 时空类的拓扑关系

Relation Name	Relation URI	Domain/Range
Equal	strdfs：geoEquals	strdfs：SpatialObject
Disjoint	strdfs：geoDisjoint	strdfs：SpatialObject
Meet	strdfs：geoMeet	strdfs：SpatialObject
Overlap	strdfs：geoOverlap	strdfs：SpatialObject
Cover	strdfs：geoCovers	strdfs：SpatialObject
CoveredBy	strdfs：geoCoveredBy	strdfs：SpatialObject
Inside	strdfs：geoInside	strdfs：SpatialObject
Contains	strdfs：geoContains	strdfs：SpatialObject
Before	strdfs：timBefore	strdfs：TemporalObject
Now	strdfs：timNow	strdfs：TemporalObject
After	strdfs：timAfter	strdfs：TemporalObject

表 4.3 中的时空类拓扑关系可细分为空间拓扑关系和时间拓扑关系，其中，空间拓扑关系是 Equal，Disjoint，Meet，Overlap，Cover，CoveredBy，Inside 和 Contain，因此，它们的域是 strdfs：SpatialObject。时间拓扑关系是 Before，Now 和 After，因此，它们的域是 strdfs：TemporalObject。

接下来，基于 stRDFS 模型定义不同的时空实体间拓扑关系的确定方法。

定义 4.21 给定两个时空实体 $A(s_A, p_A: \langle Ti_A, Si_A \rangle, o_A)$ 和 $B(s_B, p_B: \langle Ti_B, Si_B \rangle, o_B)$，Equal$(A, B) \Leftrightarrow s_A = s_B \wedge o_A = o_B \wedge p_A = p_B \wedge Si_A = Si_B \cdot (Ti_A = Ti_B ?)$。

定义 4.22 给定两个时空实体 $A(s_A, p_A: \langle Ti_A, Si_A \rangle, o_A)$ 和 $B(s_B, p_B: \langle Ti_B, Si_B \rangle, o_B)$，$A$ 和 B 不相交。当 o 是空间数据时，Disjoint$(A, B) \Leftrightarrow Range$

$(f_{sA-SisA} \cup f_{pA-SiA}) \cap Range(f_{sB-SisB} \cup f_{pB-SiB}) = \varnothing$；当 o 不是空间数据时，$Disjoint(A, B) \Leftrightarrow Range(f_{pA-SiA}) \cap Range(f_{pB-SiB}) = \varnothing$。

在定义 4.22 中，对于时空实体 A，如果 o 表示空间数据，则 stRDF 模型表示为 $(s_A, p_A: \langle Ti_A, Si_A \rangle, Si_{SA})$。$Si_{SA}$ 表示 s_A 的空间数据，Si_A 表示属性 p_A 的空间数据，因此，空间数据 Si_{SA} 和 Si_A 都需要考虑在内，也就是说 $Range(f_{sA-SisA} \cup f_{pA-SiA}) \cap Range(f_{sB-SisB} \cup f_{pB-SiB}) = \varnothing$；如果 o 不是空间数据，则 stRDF 模型可以表示为 $(s_A, p_A: \langle Ti_A, Si_A \rangle, o_A)$，其中，$o_A$ 是不带空间数据的宾语。因而只需要考虑 Si_A。时空实体 B 的情况与时空实体 A 类似，这里不作赘述。

定义 4.23 给定两个时空实体 $A(s_A, p_A: \langle Ti_A, Si_A \rangle, o_A)$ 和 $B(s_B, p_B: \langle Ti_B, Si_B \rangle, o_B)$，$A$ 和 B 相遇（*Meet*）。当 o 是空间数据时，$Meet(A, B) \Leftrightarrow Range(f_{sA-SisA} \cup f_{pA-SiA}) \cap Range(f_{sB-SisB} \cup f_{pB-SiB}) \neq \varnothing \wedge Range(f_{sA-SisA} \cup f_{pA-SiA}) \cap Range(f_{sB-SisB} \cup f_{pB-SiB}) = \varnothing$；当 o 不是空间数据时，$Meet(A, B) \Leftrightarrow Range(f_{pA-siA}) \cap Range(f_{pB-siB}) \neq \varnothing \wedge Range(f_{pA-SiA}) \cap Range(f_{pB-SiB}) = \varnothing$。

在定义 4.23 中，*Range* 表示 *Range* 的补集，A meets B，表示只有它们的边界有公共部分，内部没有公共部分。

定义 4.24 给定两个时空实体 $A(s_A, p_A: \langle Ti_A, Si_A \rangle, o_A)$ 和 $B(s_B, p_B: \langle Ti_B, Si_B \rangle, o_B)$，$A$ 和 B 相交（*Overlap*）。当 o 是空间数据时，$Overlap(A, B) \Leftrightarrow Range(f_{sA-SisA} \cup f_{pA-SiA}) \cap Range(f_{sB-SisB} \cup f_{pB-SiB}) \neq \varnothing \wedge Range(f_{sA-SisA} \cup f_{pA-SiA}) \cap Range(f_{sB-SisB} \cup f_{pB-SiB}) \neq Range(f_{sA-SisA} \cup f_{pA-SiA}) \wedge Range(f_{sA-SisA} \cup f_{pA-SiA}) \cap Range(f_{sB-SisB} \cup f_{pB-SiB}) \neq Range(f_{sB-SisB} \cup f_{pB-SiB})$；当 o 不是空间数据时，$Overlap(A, B) \Leftrightarrow Range(f_{pA-SiA}) \cap Range(f_{pB-SiB}) \neq \varnothing \wedge Range(f_{pA-SiA}) \cap Range(f_{pB-SiB}) \neq Range(f_{pA-SiA}) \wedge Range(f_{pA-SiA}) \cap Range(f_{pB-SiB}) \neq Range(f_{pB-SiB})$。

定义 4.25 给定两个时空实体 $A(s_A, p_A: \langle Ti_A, Si_A \rangle, o_A)$ 和 $(s_B, p_B: \langle Ti_B, Si_B \rangle, o_B)$，$A$ 覆盖 B（*Cover*）。当 o 是空间数据时，$Cover(A, B) \Leftrightarrow Range(f_{sA-SisA} \cup f_{pA-SiA}) \cap Range(f_{sB-SisB} \cup f_{pB-SiB}) = Range(f_{sB-SisB} \cup f_{pB-SiB})$；当 o 不是空间数据时，$Cover(A, B) \Leftrightarrow Range(f_{pA-SiA}) \cap Range(f_{pB-SiB}) = Range(f_{pB-SiB})$。

定义 4.26 给定两个时空实体 $A(s_A, p_A: \langle Ti_A, Si_A \rangle, o_A)$ 和 $B(s_B, p_B: \langle Ti_B, Si_B \rangle, o_B)$，$A$ 被 B 覆盖（*CoveredBy*）。当 o 是空间数据时，$CoveredBy(A, B) \Leftrightarrow Range(f_{sA-SisA} \cup f_{pA-SiA}) \cap Range(f_{sB-SisB} \cup f_{pB-SiB}) = Range(f_{sA-SisA} \cup f_{pA-SiA})$；当 o 不是空间数据时，$CoveredBy(A, B) \Leftrightarrow Range(f_{pA-SiA}) \cap Range(f_{pB-SiB}) = Range(f_{pA-SiA})$。

定义 4.27 给定两个时空实体 $A(s_A, p_A: \langle Ti_A, Si_A \rangle, o_A)$ 和 $B(s_B, p_B:$

$\langle Ti_B, Si_B\rangle, o_B$)，$A$ 在 B 里面(*Inside*)。当 o 是空间数据时，$Inside(A, B) \Leftrightarrow Range(f_{sA-SisA} \cup f_{pA-SiB}) \cap Range(f_{sB-SisB} \cup f_{pB-SiB}) = Range(f_{sA-SisA} \cup f_{pA-SiB}) \wedge Range(f_{sA-SisA} \cup f_{pA-SiB}) \cap Range(f_{sB-SisB} \cup f_{pB-SiB}) \neq \varnothing$；当 o 不是空间数据时，$Inside(A, B) \Leftrightarrow Range(f_{pA-SiA}) \cap Range(f_{pB-SiB}) = Range(f_{pA-SiA}) \wedge Range(f_{pA-SiA}) \cap Range(f_{pB-SiB}) \neq \varnothing$。

定义 4.28 给定两个时空实体 $A(s_A, p_A: \langle Ti_A, Si_A\rangle, o_A)$ 和 $B(s_B, p_B: \langle Ti_B, Si_B\rangle, o_B)$，$A$ 包含 B(*Contain*)。当 o 是空间数据时，$Contain(A, B) \Leftrightarrow Range(f_{sA-SisA} \cup f_{pA-SiB}) \cap Range(f_{sB-SisB} \cup f_{pB-SiB}) = Range(f_{sB-SisB} \cup f_{pB-SisB}) \wedge Range(f_{sA-SisA} \cup f_{pA-SiB}) \cap Range(f_{sB-SisB} \cup f_{pB-SiB}) \neq \varnothing$；当 o 不是空间数据时，$Contain(A, B) \Leftrightarrow Range(f_{pA-SiA}) \cap Range(f_{pB-SiB}) = Range(f_{pB-SiB}) \wedge Range(f_{pA-SiA}) \cap Range(f_{pB-SiB}) \neq \varnothing$。

定义 4.29 给定两个时空实体 $A(s_A, p_A: \langle Ti_A, Si_A\rangle, o_A)$ 和 $B(s_B, p_B: \langle Ti_B, Si_B\rangle, o_B)$，$A$ 比 B 早(*Before*)。当 o 是时间数据时，$Before(A, B) \Leftrightarrow \Pi_N Range(f_{sA-TisA}) < \Pi_N Range(f_{sB-TisB}) \wedge \Pi_N Range(f_{pA-TiA}) < \Pi_N Range(f_{pB-TiB})$；当 o 不是时间数据时，$Before(A, B) \Leftrightarrow \Pi_N Range(f_{pA-TiA}) < \Pi_N Range(f_{pB-TiB})$。

在定义 4.29 中，$\Pi_N(x)$ 表示 x 在 N 上的投影。例如，$\Pi_N Range(f_{sA-TisA})$ 表示时间数据 Ti_{sA} 的变量 N。当 o 是时间数据时，stRDF 模型可以表示为 $(s_A, p_A: \langle Ti_A, Si_A\rangle, Ti_{SA})$，其中，$Ti_{SA}$ 表示 s_A 的时间数据，Ti_A 表示属性 p_A 的时间数据。B 也同理；当 o 不是时间数据时，stRDF 模型可以表示为 $(s_A, p_A: \langle Ti_A, Si_A\rangle, o_A)$，其中，$o_A$ 是不带时间数据的宾语。因此只需要考虑 Ti_A。

定义 4.30 给定两个时空实体 $A(s_A, p_A: \langle Ti_A, Si_A\rangle, o_A)$ 和 $B(s_B, p_B: \langle Ti_B, Si_B\rangle, o_B)$，$A$ 比 B 晚(*After*)。当 o 是时间数据时，$After(A, B) \Leftrightarrow \Pi_N Range(f_{sA-TisA}) > \Pi_N Range(f_{sB-TisB})$ 并且 $\Pi_N Range(f_{pA-TiA}) > \Pi_N Range(f_{pB-TiB})$；当 o 不是时间数据时，$After(A, B) \Leftrightarrow \Pi_N Range(f_{pA-TiA}) > \Pi_N Range(f_{pB-TiB})$。

定义 4.31 给定两个时空实体 $A(s_A, p_A: \langle Ti_A, Si_A\rangle, o_A)$ 和 $B(s_B, p_B: \langle Ti_B, Si_B\rangle, o_B)$，$A$ 和 B 同时(*Now*)。当 o 是时间数据时，$Now(A, B) \Leftrightarrow \Pi_N Range(f_{sA-TisA}) = \Pi_N Range(f_{sB-TisB})$ 并且 $\Pi_N Range(f_{pA-TiA}) = \Pi_N Range(f_{pB-TiB})$；当 o 不是时间数据时，$Now(A, B) \Leftrightarrow \Pi_N Range(f_{pA-TiA}) = \Pi_N Range(f_{pB-TiB})$。

4.7.2 实例实现

为了验证所提时空 RDF 数据模型拓扑关系确定方法的实用性，本小节举出一个实例，并利用 Gephi 对其进行实现。

若存在 6 个时空实体 *A*，*B*，*C*，*D*，*E*，*F*，其拓扑关系如表 4.4 所示。基于时空数据模型 stRDFS，将时空实体 *A*，*B*，*C*，*D*，*E*，*F* 的拓扑关系转化为 stRDFS 图，如图 4.20 所示，其中，虚线椭圆部分表示空间位置的范围。

表 4.4　拓扑关系

Relation Name	Relation URI	Relation Name	Domain/Range
A	strdfs：geoEquals	*B*	strdfs：SpatiotemporalObject
A，*B*	strdfs：geoDisjoint	*C*，*D*，*E*	strdfs：SpatiotemporalObject
C	strdfs：geoMeet	*D*	strdfs：SpatiotemporalObject
C	strdfs：geoOverlap	*E*	strdfs：SpatiotemporalObject
F	strdfs：geoCovers	*D*	strdfs：SpatiotemporalObject
E	strdfs：geoCoveredBy	*A*，*B*	strdfs：SpatiotemporalObject
A，*B*	strdfs：geoInside	*F*	strdfs：SpatiotemporalObject
F	strdfs：geoContains	*A*，*B*	strdfs：SpatiotemporalObject
A，*B*，*F*	strdfs：timBefore	*C*，*D*，*E*	strdfs：SpatiotemporalObject
C	strdfs：timNow	*D*	strdfs：SpatiotemporalObject
C，*D*，*E*	strdfs：timAfter	*A*，*B*，*F*	strdfs：SpatiotemporalObject

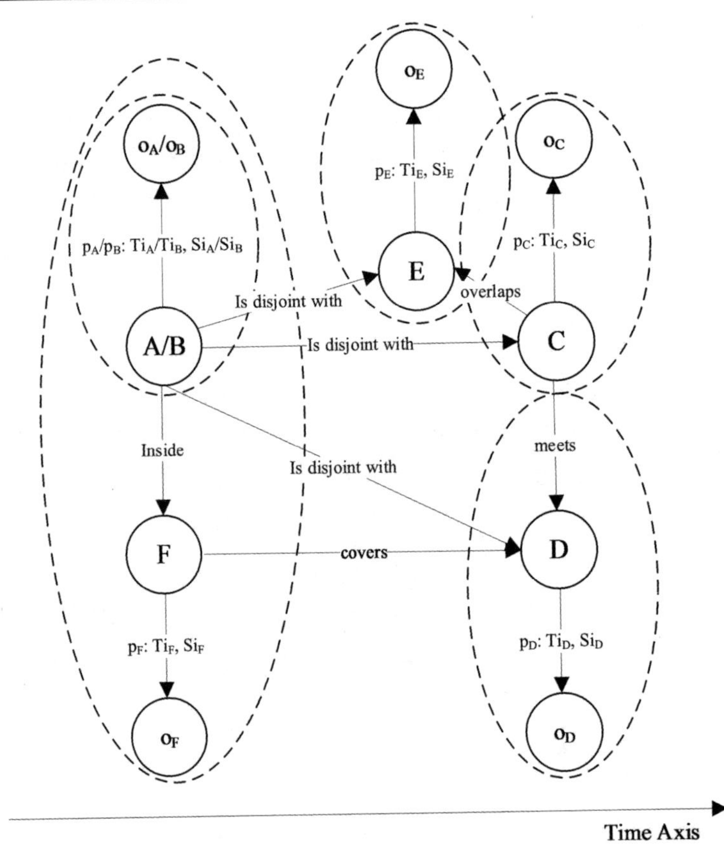

图 4.20　实例的 stRDFS 图

下面利用 Gephi 验证所提方法的实用性。图 4.21 是一个包含人员和人员所在城市名称的表，图 4.22 是利用 Gephi 运行的结果。

Nodes Edges | Configuration | Add node | Add edge | Search/Replace | Import Spreadsheet | Export table | More actions

Id	Label	City
0	David	A
1	Mary	A
2	James	B
3	Nix	A
4	Leland	B
5	Ackland	B
6	Hamm	C
7	Hans	D
8	Parr	D
9	Fitch	H
10	Nixon	H
11	Orval	B
12	Rock	B
13	Debbi	C
14	Tessie	H
15	Mac	C
16	Jen	C
17	Nelly	D
18	Fenton	H
19	Eric	B
20	Madison	A
21	Rodney	B
23	Lisa	M

图 4.21　一些人员和他们所在城市名称的数据表

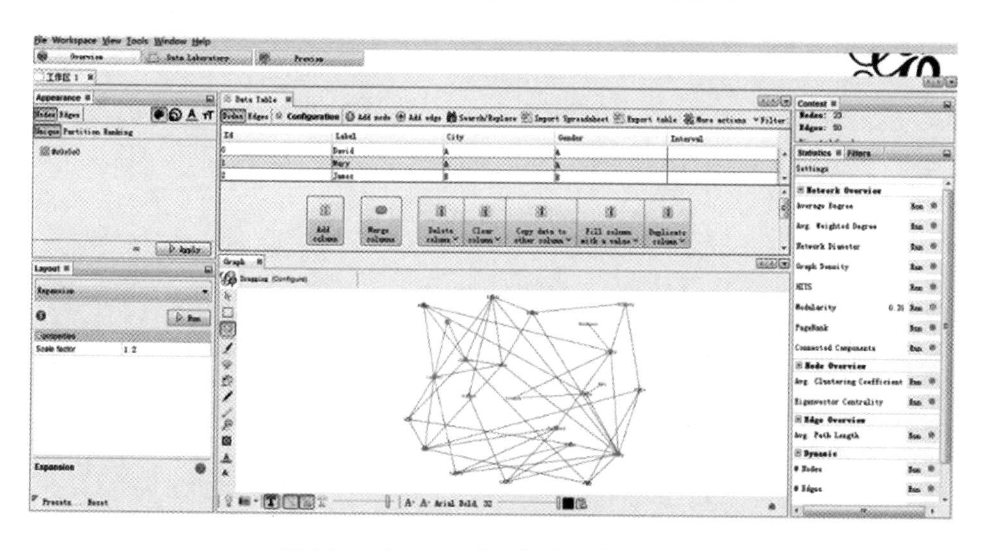

图 4.22　在 Gephi 中运行结果的屏幕快照

4.8 本章小结

本章通过扩展 RDF 模型，首先，提出了一个基于 RDF 的时空数据模型，包括 stRDFS 数据模型的表示方法、时空 RDF 数据图、时空 RDF 查询图等。其次，定义了时空 RDF 数据图的 4 种结构，包括线性结构、树状结构、星形结构和循环结构。在此基础上，研究了 stRDFS 中的主要类，并对它们进行描述，包括时空域中的空间类和描述、时空域中的时间类和描述、时空域中的时空类和时空描述。再次，研究 5 种类型的 stRDFS 图代数，包括并操作、交操作、差操作、笛卡儿积操作和筛选操作。之后，通过一个实例验证所提模型的正确性。最后，研究了时空 RDF 数据的拓扑关系，包括 Equal，Disjoint，Meet，Overlap，Cover，CoveredBy，Inside，Contain，Before，Now 和 After，并利用 Gephi 验证了所提时空 RDF 数据模型拓扑关系确定方法的实用性。

基于本章提出的时空 RDF 数据模型，第 5 章将进一步研究基于子图同构的时空 RDF 数据查询方法。

5 基于子图同构的时空 RDF 数据查询

5.1 引 言

随着时空应用和 Web 中时空数据的海量增长，对时空数据查询的研究受到越来越多的关注，时空数据查询是时空数据库中最基本、最常用，也是最复杂的操作，已成为学术界最重要的研究主题之一。由于时空 RDF 数据中需要同时考虑时间特征和空间特征，因此，需要对传统时空 RDF 数据的查询方法进行时空扩展。现有关于时空 RDF 数据的查询方法并没有很好地解决这一问题：或者没有很好地兼容时间属性和空间属性，或者查询性能不高。子图同构在 RDF 数据查询中具有重要作用，并已在 RDF 数据查询中被广泛研究。基于此，本章基于子图同构提出一个时空 RDF 数据查询方法。首先研究时空 RDF 数据中时间区间和空间区间的匹配；之后，提出匹配顺序的计算方法；在此基础上，基于子图同构提出时空 RDF 数据查询方法；最后，通过实验测试与分析验证所提查询方法的有效性和高效性。

本章 5.1 节是引言部分；5.2 节是时空 RDF 数据的匹配；5.3 节研究匹配顺序计算；5.4 节研究时空 RDF 数据的子图匹配过程；5.5 节是实验测试与分析；5.6 节是本章小结。

5.2 时空 RDF 数据的匹配

5.2.1 时空 RDF 数据中时间区间的匹配

对于时空 RDF 数据中时间区间的匹配，用 τ 表示时间区间函数，则 $\tau(stG)$ 表示时空 RDF 数据图 stG 的时间跨度，$\tau(e)$ 表示时空 RDF 三元组的时间跨度，其中 $e \in \{e \mid e \in E \text{ in } stG\}$，对于 $\forall e \in E$，有 $\tau(e) \subset \tau(stG)$。为了表示时空 RDF 数据图和时空 RDF 查询图之间的时间区间关系，本小节定义时间交操作、时间并操作以及时间跨度。

定义 5.1 （时间交操作 $\wedge_t$）若存在两个时间区间 $[t_{s1}, t_{e1}]$ 和 $[t_{s2}, t_{e2}]$，如果 $t_s=\max\{t_{s1}, t_{s2}\}$，$t_e=\min\{t_{e1}, t_{e2}\}$，则有：

- 当 $t_s \leqslant t_e$ 时，$[t_{s1}, t_{e1}] \wedge_t [t_{s2}, t_{e2}] = [t_s, t_e]$。
- 当 $t_s > t_e$ 时，$[t_{s1}, t_{e1}] \wedge_t [t_{s2}, t_{e2}] = \varnothing$。

例 5.1 若存在三个时间区间 $T_1 = [2020-01-13, 2022-04-26]$，$T_2 = [2021-08-22, 2022-06-09]$，$T_3 = [2019-11-19, 2020-01-05]$，根据定义 5.1，$T_1 \wedge_t T_2 = [2020-01-13, 2022-04-26] \wedge_t [2021-08-22, 2022-06-09] = [2021-08-22, 2022-04-26]$；$T_1 \wedge_t T_3 = [2020-01-13, 2022-04-26] \wedge_t [2019-11-19, 2020-01-05] = \varnothing$。

定义 5.2 （时间并操作 $\vee_t$）若存在两个时间区间 $[t_{s1}, t_{e1}]$ 和 $[t_{s2}, t_{e2}]$，如果 $t_s=\max\{t_{s1}, t_{s2}\}$，$t_e=\min\{t_{e1}, t_{e2}\}$，$t_{s1}<t_{s2}$，则有：

- 当 $t_s \leqslant t_e$ 时，$[t_{s1}, t_{e1}] \vee_t [t_{s2}, t_{e2}] = [t_s, t_e]$。
- 当 $t_s > t_e$ 时，$[t_{s1}, t_{e1}] \vee_t [t_{s2}, t_{e2}] = [t_{s1}, t_{e1}] \cup [t_{s2}, t_{e2}]$。

例 5.2 若存在三个时间区间 $T_1 = [2020-01-13, 2022-04-26]$，$T_2 = [2021-08-22, 2022-06-09]$，$T_3 = [2019-11-19, 2020-01-05]$，根据定义 5.2，$T_1 \vee_t T_2 = [2020-01-13, 2022-04-26] \vee_t [2021-08-22, 2022-06-09] = [2020-01-13, 2022-06-09]$；$T_1 \vee_t T_3 = [2020-01-13, 2022-04-26] \vee_t [2019-11-19, 2020-01-05] = [2020-01-13, 2022-04-26] \cup [2019-11-19, 2020-01

-05]。

定义 5.3 （时间跨度 τ）若存在时空 RDF 图 *stG*，有时间跨度 $\tau(stG)=\{[t_{si}, t_{ei}] \mid 1 \leqslant i \leqslant |E|, t_{si} \leqslant t_{ei}\}$，如果 $t_s=\min_{1 \leqslant i \leqslant |E|}\{t_{si}\}$，$t_e=\max_{1 \leqslant i \leqslant |E|}\{t_{ei}\}$，则时空 RDF 图 *stG* 的时间跨度为 $[t_{s1}, t_{e1}] \vee_t [t_{s2}, t_{e2}] \vee_t \cdots \vee_t [t_{sn}, t_{en}]=[t_s, t_e]$，其中 $n=|E|$，且 $t_s \leqslant t_e$。

对于图 5.1 中的时空 RDF 数据图 *stG*，有时间跨度 $\tau(stG)=$[1958-04-27, 2013-02-09]$\vee_t$[2013-02-09, 2013-02-09]$\vee_t$[1956-06-23, 1956-06-23]$\vee_t$[1966-06-23, 2022-04-02]=[1958-04-27, 2022-04-02]。

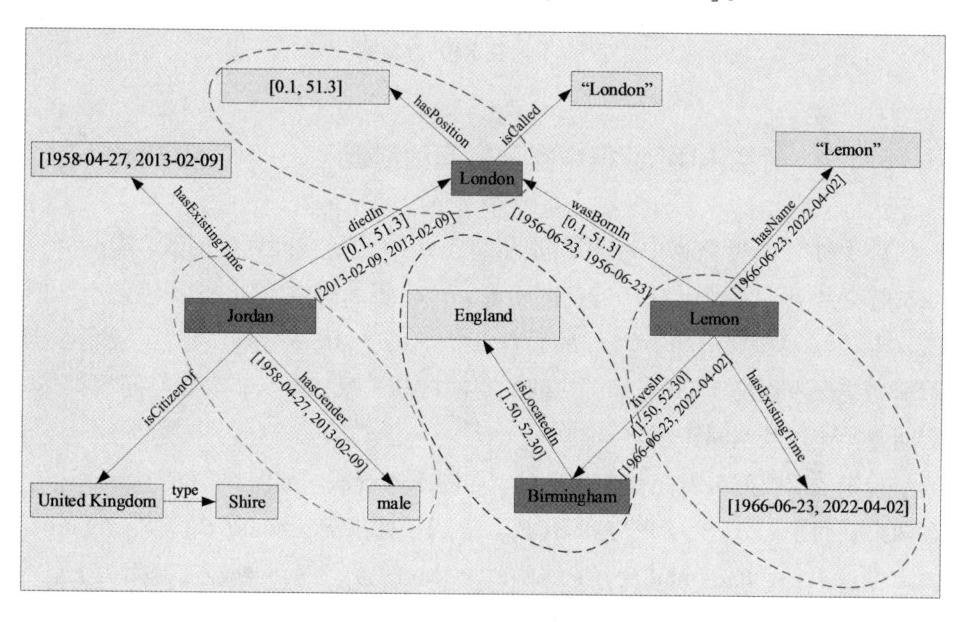

图 5.1 时空 RDF 数据图

对于图 5.2 中的时空 RDF 查询图 *stQ*，所有时空 RDF 三元组（包括实体和关系）都没有标注时间区间，因此，时间跨度 $\tau(stQ)$ 为无限集。值得注意的是，已知时空 RDF 数据图 *stG* 和时空 RDF 查询图 *stQ*，当且仅当 $\tau(stG) \wedge_t \tau(stQ) \neq \varnothing$ 时，*stQ* 在 *stG* 中才可能存在匹配的子图，否则，查询结果为空。对于图 5.1 中的时空 RDF 数据图 *stG* 和图 5.2 中的时空 RDF 查询图 *stQ*，有 $\tau(stG) \wedge_t \tau(stQ)=$[1958-04-27, 2022-04-02]，因此，可能存在匹配的子图。

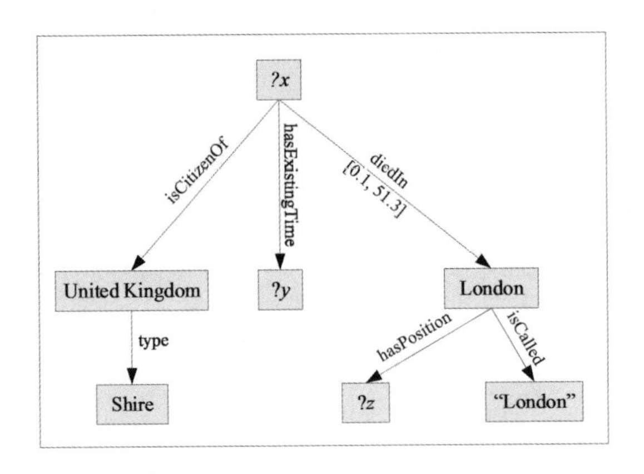

图 5.2　时空 RDF 查询图

5.2.2　时空 RDF 数据中空间区间的匹配

对于时空 RDF 数据中空间区间的匹配，用ρ表示空间区间函数，则$\rho(stG)$表示时空 RDF 数据图 stG 的的空间跨度，$\rho(e)$表示时空 RDF 三元组的空间跨度，其中 $e \in \{e | e \in E \text{ in } stG\}$，对于$\forall e \in E$，有 $\rho(e) \subset \rho(stG)$。为了表示时空 RDF 数据图和时空 RDF 查询图之间的空间区间关系，本小节定义空间交操作、空间并操作以及空间跨度。

首先介绍空间区域是如何表示的，如图 5.3 所示。如图 5.3(a)所示，若存在两个空间坐标 $A(P_{xA}, P_{yA})$和 $B(P_{xB}, P_{yB})$，如果 $P_{x1} = \min(P_{xA}, P_{xB})$，$P_{x2} = \max(P_{xA}, P_{xB})$，$P_{y1} = \min(P_{yA}, P_{yB})$，$P_{y2} = \max(P_{yA}, P_{yB})$，则经度区间为 $P_{xAB} = [P_{x1}, P_{x2}]$，纬度区间为 $P_{yAB} = [P_{y1}, P_{y2}]$，也就是说，由 A 点和 B 点构成的空间区域为 $P_{AB}(P_{xAB} \& P_{yAB})$。同理，如图 5.3(b)所示，若存在两个空间坐标 $C(P_{xC}, P_{yC})$和 $D(P_{xD}, P_{yD})$，如果 $P_{x3} = \min\{P_{xC}, P_{xD}\}$，$P_{x4} = \max\{P_{xC}, P_{xD}\}$，$P_{y3} = \min\{P_{yC}, P_{yD}\}$，$P_{y4} = \max\{P_{yC}, P_{yD}\}$，则经度区间为 $P_{xCD} = [P_{x3}, P_{x4}]$，纬度区间为 $P_{yCD} = [P_{y3}, P_{y4}]$，也就是说，由 C 点和 D 点构成的空间区域为 $P_{CD}(P_{xCD} \& P_{yCD})$。

定义 5.4　(空间交操作$\wedge_s$)若存在两个空间区域 $P_{AB}(P_{xAB} \& P_{yAB})$和 $P_{CD}(P_{xCD} \& P_{yCD})$，如果 $P_{xi} = \max\{P_{x1}, P_{x3}\}$，$P_{xj} = \min\{P_{x2}, P_{x4}\}$，$P_{yi} = \max\{P_{y1}, P_{y3}\}$，$P_{yj} = \min\{P_{y2}, P_{y4}\}$，则经度区间 $P_x = [P_{xi}, P_{xj}]$，纬度区间 $P_y = [P_{yi}, P_{yj}]$，那么，空间区域 P_{AB}与空间区域 P_{CD}的空间交操作为 $P_{AB} \wedge_s P_{CD} = (P_{xAB} \& P_{yAB}) \wedge_s (P_{xCD} \& P_{yCD}) = (P_x \& P_y)$。

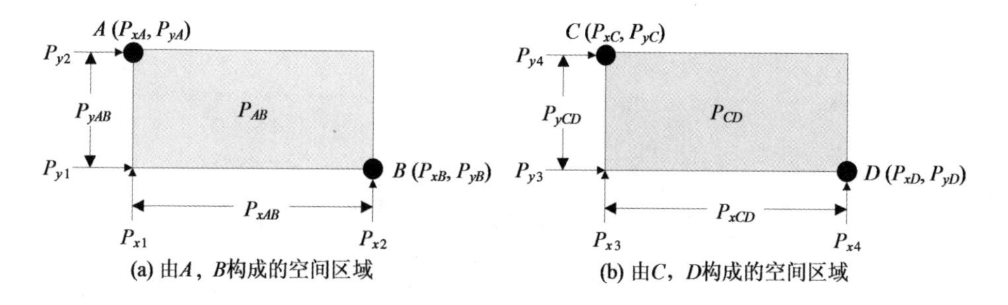

图 5.3　空间区域的表示

根据定义 5.4 可知，空间区域 $P_{AB}(P_{xAB}\&P_{yAB})$ 和 $P_{CD}(P_{xCD}\&P_{yCD})$ 的空间交操作为 $(P_x\&P_y)$，如图 5.4 所示。

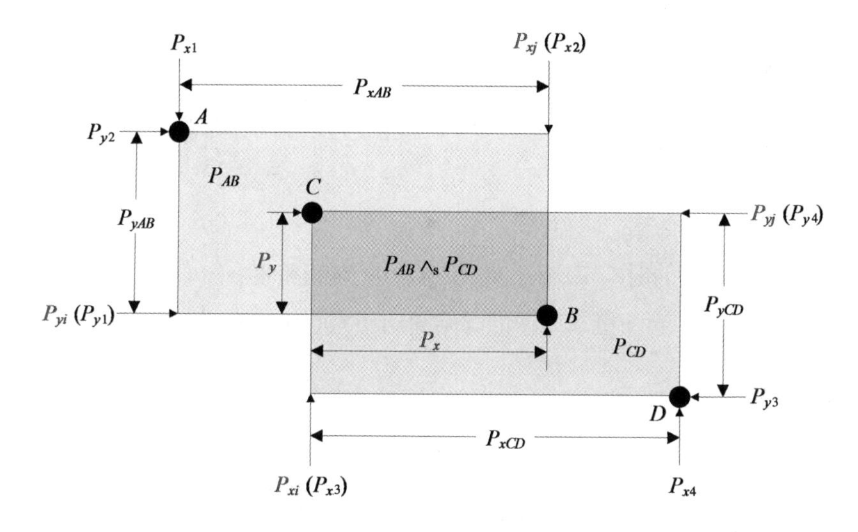

图 5.4　P_{AB} 和 P_{CD} 的空间交操作

定义 5.5　（空间并操作 $\vee_s$）若存在两个空间区域 $P_{AB}(P_{xAB}\&P_{yAB})$ 和 $P_{CD}(P_{xCD}\&P_{yCD})$，如果 $P_{xi}=\min\{P_{x1},P_{x3}\}$，$P_{xj}=\max\{P_{x2},P_{x4}\}$，$P_{yi}=\min\{P_{y1},P_{y3}\}$，$P_{yj}=\max\{P_{y2},P_{y4}\}$，则经度区间 $P_x=[P_{xi},P_{xj}]$，纬度区间 $P_y=[P_{yi},P_{yj}]$，那么，空间区域 P_{AB} 与空间区域 P_{CD} 的空间并操作为 $P_{AB}\vee_s P_{CD}=(P_{xAB}\&P_{yAB})\vee_s(P_{xCD}\&P_{yCD})=(P_x\&P_y)$。

根据定义 5.5 可知，空间区域 $P_{AB}(P_{xAB}\&P_{yAB})$ 和 $P_{CD}(P_{xCD}\&P_{yCD})$ 的空间并操作为 $(P_x\&P_y)$，如图 5.5 所示。

定义 5.6　（空间跨度 ρ）若存在时空 RDF 图 stG，有空间跨度 $\rho(stG)=\{[P_{xi},P_{xj}]\&[P_{yi},P_{yj}]\mid 1\leqslant i,j\leqslant|E|,P_{xi}\leqslant P_{xj},P_{yi}\leqslant P_{yj}\}$，如果 $P_{x\min}=$

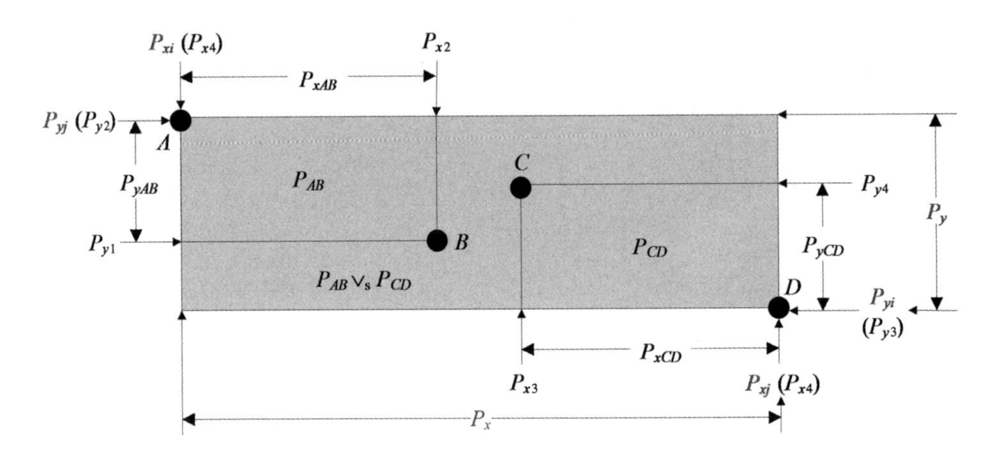

图 5.5　P_{AB}和 P_{CD}的空间并操作

$\min_{1\leqslant i\leqslant |E|}\{P_{xi}\}$，$P_{x\max}=\max_{1\leqslant i\leqslant |E|}\{P_{xi}\}$，$P_{y\min}=\min_{1\leqslant i\leqslant |E|}\{P_{yi}\}$，$P_{y\max}=\max_{1\leqslant i\leqslant |E|}\{P_{yi}\}$，则时空 RDF 图 stG 的空间跨度为$(P_{x12}\&P_{y12})\vee_s(P_{x23}\&P_{y23})\vee_s\cdots\vee_s(P_{x(n-1)n}\&P_{y(n-1)n})=([P_{x\min},P_{x\max}]\&[P_{y\min},P_{y\max}])$，其中 $n=|E|$，且 $P_{x\min}\leqslant P_{x\max}$，$P_{y\min}\leqslant P_{y\max}$。

对于图 5.1 中的时空 RDF 数据图 stG，有空间跨度 $\rho(stG)=([0.1,51.3]\&[1.50,52.30])$。对于图 5.2 中的时空 RDF 查询图 stQ，有空间跨度 $\rho(stQ)=([0.1,51.3])$。

值得注意的是，已知时空 RDF 数据图 stG 和时空 RDF 查询图 stQ，当且仅当 $\rho(stG)\wedge_s\rho(stQ)\neq\varnothing$时，$stQ$ 在 stG 中才可能存在匹配的子图，否则，查询结果为空。对于图 5.1 中的时空 RDF 数据图 stG 和图 5.2 中的时空 RDF 查询图 stQ，有 $\rho(stG)\wedge_s\rho(stQ)=([0.1,51.3]\&[1.50,52.30])\wedge_s([0.1,51.3])=([0.1,51.3]\&[1.50,52.30])$，因此，可能存在匹配的子图。

5.3　匹配顺序计算

如果时空 RDF 数据中的时间区间 $\tau(stG)\wedge_t\tau(stQ)\neq\varnothing$且 $\rho(stG)\wedge_s\rho(stQ)\neq\varnothing$，则可能存在匹配的子图。在确定匹配的子图的过程中，需要计算查询节点的匹配顺序，而计算查询节点的匹配顺序与时空 RDF 查询图有关。由于查询候选域的确定可以优化匹配过程，因此，首先介绍时空 RDF 查询图中节点的查询候选域概念。

定义 5.7 （查询候选域）若存在时空 RDF 数据图 *stG* 和时空 RDF 查询图 *stQ*，如果 $u \in stQ$，当满足以下条件时，$D(u)$表示节点 *u* 在时空 RDF 数据图 *stG* 中的查询候选域：

- $\deg(u) \leqslant \deg(v)$。
- $\text{deg-in}(u) \leqslant \text{deg-in}(v)$。
- $\text{deg-out}(u) \leqslant \text{deg-out}(v)$。

在定义 5.7 中，$D(u)$包含了所有可能与节点 *u* 进行匹配的节点；$\deg(u)$表示节点 *u* 的度函数，其中，$\text{deg-in}(u)$表示节点 *u* 的入度，$\text{deg-out}(u)$表示节点 *u* 的出度。

根据定义 5.7，可以得到以下结论：第一，若存在两个节点 $u, v \in stQ$，如果 $\text{deg-in}(u) \leqslant \text{deg-in}(v) \wedge \text{deg-out}(u) \leqslant \text{deg-out}(v)$，则 $\deg(u) \leqslant \deg(v)$；第二，若存在两个节点 $u_1, u_2 \in stQ$，如果节点 u_1和节点 u_2相连，则存在于节点 u_1的查询候选域 $D(u_1)$中的节点 v_1与存在于节点 u_2的查询候选域 $D(u_2)$中的节点 v_2相邻。

基于子图匹配进行时空 RDF 数据查询，首先需要确定将要查询的第一个节点，第一个节点的选择规则如下：① 选择查询候选域中最小的节点，即查询候选域中节点个数最少的节点；② 如果存在两个或两个以上节点的查询候选域最小，则选择度最大的查询节点；③ 如果存在两个或两个以上查询节点度相同，则选择出度最大的节点；④ 如果存在两个或两个以上节点出度相同，则选择其中任一节点。

第一个查询节点确定之后，需对其他查询节点排序。假设时空 RDF 查询图 *stQ* 中存在 *n* 个查询节点，剩余 $n-1$ 个查询节点的查询顺序可以通过与已确定排序节点的关联程度进行确定，关联度越大排序越靠前。

定义 5.8 若$\zeta_i = \{u_1, u_2, \cdots, u_i\}$表示由 *i* 个节点组成的查询节点集合，其中 $i<n$，ξ_i表示待查询节点的集合，即不在ζ_i中的查询节点，则关于候选查询节点 *u* 的集合为：

- $V_{u,\ vis}$：ζ_i中的 *i* 个查询节点中属于节点 *u* 的邻接节点的集合。
- $V_{u,\ neig}$：ζ_i中至少与ξ_i中一个节点相邻，并且与节点 *u* 相连的查询节点的集合。
- $V_{u,\ unv}$：不在ζ_i中，且不与ζ_i中任一节点相邻的节点 *u* 的邻接节点的集合。

根据定义5.8候选查询节点集合的含义，其他待查询节点的匹配顺序如算法5.1所示。

算法5.1 待查节点匹配顺序算法 OrderMatchNodes

输入：时空 RDF 查询图 *stQ*

输出：匹配顺序 *Ord*

```
01:  Ord ← ChooseFirstVertex(stQ)    //选定第一个查询节点
02:  ξ ← V_Q
03:  while |Ord| < |V_Q| do
04:    for each u in ξ
05:        V_{u,vis}, V_{u,neig}, V_{u,unv} ← ∅
06:        for each u' in V_Q
07:            if u' in Ord
08:                if u' in N(u)
09:                    V_{u,vis} = V_{u,vis} ∪ {u'}
10:                else if u' in N(ξ ∩ N(u))
11:                    V_{u,neig} = V_{u,neig} ∪ {u'}
12:            else if u' in N(u) && u' not in N(Ord)
13:                V_{u,unv} = V_{u,unv} ∪ {u'}
14:        end for
15:    end for
16:    M_vis = max_{u∈Ord} |V_{u,vis}|
17:    M_neig = max_{u∈Mvis} |V_{u,neig}|
18:    u_max = random(max_{u∈Mneig} |V_{u,unv}|)
19:    append(Ord, u_max)
20:    ξ = ξ \ {u_max}
21:  end while
22:  return Ord
```

算法5.1包括5个步骤：① 选择 $|V_{u,vis}|$ 值最大的节点；② 如果 $|V_{u,vis}|$ 值相同，则选择 $|V_{u,neig}|$ 值最大的节点；③ 如果 $|V_{u,neig}|$ 值相同，则选择 $|V_{u,unv}|$ 值最大的节点；④ 如果 $|V_{u,unv}|$ 值相同，则选择任一节点；⑤ 更新集合，重复规则①至规则④。

例 5.3 若存在待匹配节点 u_1，u_2，u_3，u_4，u_5，u_6，u_7，如图 5.6(a)所示。假设第一个查询的节点是 u_1，如图 5.6(b)所示。其中，深色节点表示已确定排序的节点，浅色节点表示已确定排序节点的邻接节点(可以是一个或多个)，其余节点为未确定排序的节点。根据上述排序规则可知：

(1)根据例子中的已知条件，第一个查询的节点是 u_1，则有 $\zeta_1=\{u_1\}$，$\xi_6=\{u_2, u_3, u_4, u_5, u_6, u_7\}$。由于 $V_{u2,vis}=\{u_1\}$，$V_{u3,vis}=\{u_1\}$，$V_{u7,vis}=\{u_1\}$，而 $V_{u4,vis}=V_{u5,vis}=V_{u6,vis}=\varnothing$，则有 $|V_{u2,vis}|=|V_{u3,vis}|=|V_{u7,vis}|>|V_{u4,vis}|>|V_{u5,vis}|>|V_{u6,vis}|$，因此，下一个查询节点是 u_2，u_3 和 u_7 中的一个。由于 $V_{u2,neig}=\{u_1\}$，$V_{u3,neig}=\{u_1\}$，$V_{u7,neig}=\{u_1\}$，而 $|V_{u2,neig}|=|V_{u2,neig}|=|V_{u7,neig}|=1$，因此，继续判断 $|V_{u,unv}|$ 的值，其中，$V_{u2,unv}=\{u_4, u_5, u_6\}$，$V_{u3,unv}=\{u_6\}$，$V_{u7,unv}=\{u_6\}$。由于 $|V_{u2,unv}|=3$，而 $|V_{u3,unv}|=|V_{u7,unv}|=1$，因此，$|V_{u2,unv}|>|V_{u3,unv}|=|V_{u7,unv}|$。综上，下一个查询节点为 u_2，如图 5.6(c)所示，更新集合 ζ_i 和 ξ_i，有 $\zeta_2=\{u_1, u_2\}$，$\xi_5=\{u_3, u_4, u_5, u_6, u_7\}$。

(2)由于 $V_{u3,vis}=\{u_1, u_2\}$，而 $V_{u4,vis}=\{u_2\}$，$V_{u5,vis}=\{u_2\}$，$V_{u6,vis}=\{u_2\}$，$V_{u7,vis}=\{u_1\}$，因此，下一个查询节点为 u_3，如图 5.6(d)所示，更新集合 ζ_i 和 ξ_i，有 $\zeta_3=\{u_1, u_2, u_3\}$，$\xi_4=\{u_4, u_5, u_6, u_7\}$。

(3)由于 $V_{u4,vis}=\{u_2\}$，$V_{u5,vis}=\{u_2\}$，$V_{u6,vis}=\{u_2, u_3\}$，$V_{u7,vis}=\{u_1, u_3\}$，因此下一个查询节点是 u_6，u_7 中的一个。由于 $V_{u6,neig}=\{u_1, u_2, u_3\}$，$V_{u7,neig}=\{u_1, u_2, u_3\}$，所以，目前无法判断。由于 $V_{u6,unv}=\varnothing$，$V_{u7,unv}=\varnothing$，目前仍然无法判断。因此，任选其中一个节点，假设选择的是节点 u_6，如图 5.6(e)所示，更新集合 ζ_i 和 ξ_i，有 $\zeta_4=\{u_1, u_2, u_3, u_6\}$，$\xi_3=\{u_4, u_5, u_7\}$。

(4)由于 $V_{u4,vis}=\{u_2\}$，$V_{u5,vis}=\{u_2, u_6\}$，$V_{u7,vis}=\{u_1, u_3, u_6\}$，因此，下一个查询节点是 u_7，如图 5.6(f)所示，更新集合 ζ_i 和 ξ_i，有 $\zeta_5=\{u_1, u_2, u_3, u_6, u_7\}$，$\xi_2=\{u_4, u_5\}$。

(5)由于 $V_{u4,vis}=\{u_2\}$，$V_{u5,vis}=\{u_2, u_6\}$，因此，下一个查询节点是 u_5，如图 5.6(g)所示，更新集合 ζ_i 和 ξ_i，有 $\zeta_6=\{u_1, u_2, u_3, u_6, u_7, u_5\}$，$\xi_1=\{u_4\}$。

(6)由于只剩下节点 u_4，因此，下一个查询节点是 u_4，如图 5.6(h)所示，更新集合 ζ_i 和 ξ_i，有 $\zeta_7=\{u_1, u_2, u_3, u_6, u_7, u_5, u_4\}$，$\xi=\varnothing$。

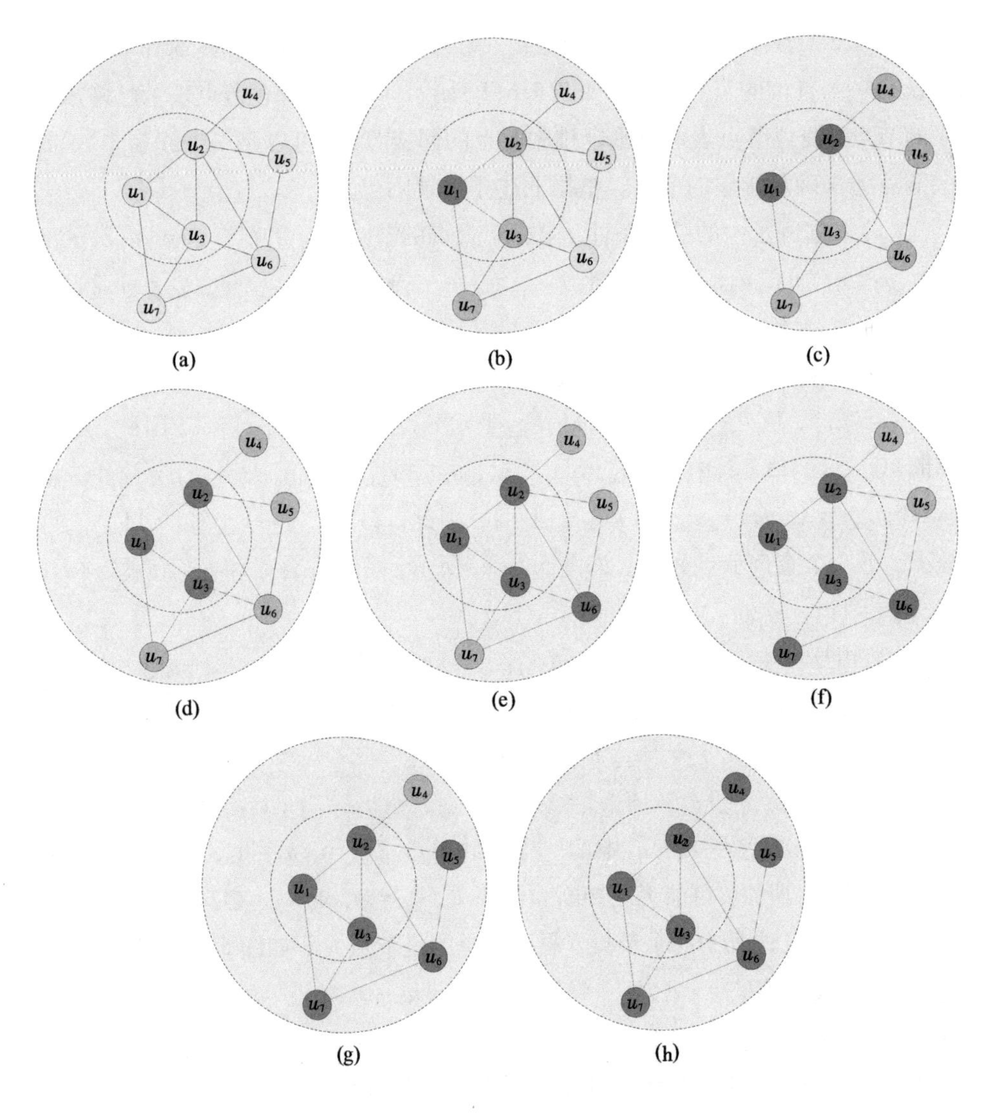

图 5.6　待匹配节点选择顺序实例

5.4　时空 RDF 数据的子图匹配过程

基于子图匹配的时空 RDF 数据查询过程，实际上等同于在时空 RDF 数据图中查找与时空 RDF 查询图同构的子图的过程。因此，在研究时空 RDF 数据的子图匹配过程之前，首先给出时空 RDF 数据子图同构的定义。

定义 5.9 （子图同构） 若存在时空 RDF 数据图 $stG(V, E, L, F_{st})$和时空 RDF 查询图 $stQ(V^q, E^q, L^q, F_{st}^q)$，当满足以下条件时，时空 RDF 查询图 stQ 是时空 RDF 数据图 stG 的子图同构，且存在一个单射函数f: $V \rightarrow V^q$：

- 对任意顶点 $u \in V^q$，有 $F_{st}^q(u) \subseteq F_{st}(f(u))$。
- 对任意边$(u_1, u_2) \in E^q$，有$(f(u_1), f(u_2)) \in E$，且 $F_{st}^q(u_1, u_2) = F_{st}(f(u_1), f(u_2))$。

当进行时空 RDF 数据查询时，为了匹配时空 RDF 数据图 stG 中与时空 RDF 查询图 stQ 相对应的子图，提出时空 RDF 查询算法 stQuery，如算法 5.2 所示。

算法 5.2　时空 RDF 数据查询算法 *stQuery*

```
输入：时空 RDF 数据图 stG，时空 RDF 查询图 stQ
输出：stG 中所有与 stQ 匹配的子图
01: M ←∅
02: ST_G = GetSTSpan(stG)
03: ST_Q = GetSTSpan(stQ)
04:   if ST_G∧ST_Q is not null
05:       u = ChooseFirstVertex(stQ)
06:       D(u) ←GetCanddidate(stG, u)
07:       if D(u) is not null
08:           Ord ←OrderMatchNodes(stQ)
09:           for each v ∈ D(u)
10:               UpdateState(u, v, M)
11:               SubgraphSearch(stG, stQ, Ord, u, v)
12:               report M
13:               RestoreState(u, v, M)
14:           end for
15:       end if
16:   end if
```

在算法 5.2 中，首先，将匹配子图集合 M 的初始值赋为空（第 01 行）。之后，根据定义 5.3 和定义 5.6，通过 *GetSTSpan*( )函数分别获取时空 RDF 数据图 stG 和时空 RDF 查询图 stQ 的时间跨度和空间跨度（第 02～03 行）。如果 stG 和 stQ 的时间跨度或空间跨度交集为空，则时空 RDF 数据图 stG 中不存在与时空

RDF 查询图 stQ 相匹配的子图，结束查询。反之，如果 stG 和 stQ 的时间跨度或空间跨度交集不为空，则通过 *ChooseFirstVertex*( ) 函数选择时空 RDF 查询图 stQ 中的第一个待查询节点，根据定义 5.7，通过 *GetCanddidate*( ) 函数获取该节点的查询候选域(第 04～06 行)。如果查询候选域不为空，则将时空 RDF 查询图 stQ 中除初始查询节点外的所有其他节点进行匹配排序(第 07～08 行)。值得注意的是，之所以不在确定查询候选域之前排序是为了避免当查询候选域为空时产生不必要的开销。对查询候选域中的每个节点，依次执行子图匹配算法 *SubgraphSearch*(此算法详见算法 5.3)，当查到存在一个查询结点 u 和一个数据节点 v 匹配时，将匹配对(u, v)更新至 M，最终得到匹配的子图集合 M，包含所有 stQ 在 stG 中的匹配子图(第 09～16 行)。

在算法 5.2 中包含了 *SubgraphSearch* 算法，其核心是基于回溯策略的递归过程，如算法 5.3 所示。

算法 5.3　子图匹配算法 *SubgraphSearch*

输入：时空 RDF 数据图 stG，时空 RDF 查询图 stQ，匹配顺序集合 Ord，数据节点 v，查询节点 u

输出：stG 中与 stQ 匹配的子图 M

```
01:  if |V| = |V_Q| && |E| = |E_Q|
02:    return M
03:  else
04:    u' ← NextQueryVertex( )
05:    D(u') ← Neighbor(f(u)) ∩ Canddidate(stG, u')
06:    if D(u') is not null
07:      for each v' ∈ D(u')
08:        if(u, u') ∈ E_Q && (v, v') ∉ E_G
09:          D(u') ← D(u') \ {v'}
10:      for each v' ∈ D(u') such that v' is not matched do
11:          CheckFeasibility(u', v')
12:          UpdateState(u', v', M)
13:          SubgraphSearch(stG, stQ, u', v')
14:          RestoreState(u', v', M)
15:        end for
16:    end if
17:  end if
18:  Return M
```

在算法 5.3 中，若输入时空 RDF 数据图 *stG*、时空 RDF 查询图 *stQ*、通过算法 5.1 得到的匹配顺序集合 *Ord*、当前候选数据节点 v 以及当前查询节点 u，如果已匹配节点数目等于查询图中节点的数目，且已匹配边的数目等于查询图中边的数目，则返回 *stG* 中与 *stQ* 匹配的子图 M（第 01~02 行）。否则，取下一个待查询节点并记为 u'，找到 u'的查询候选域。如果节点 u 是排序 ζ 中位于节点 u'前面的节点，则与节点 u'匹配的候选节点的集合 $C(u')$ 由 $Neighbor(f(u)) \cap D(u')$得出，也就是说，集合 $C(u')$ 中的节点既是已经与节点 u 匹配的节点的邻接节点，又是节点 u'的原始查询候选域中的节点，如果 u'是 ζ 里第一个节点，则候选节点的集合仅由节点 u' 的原始候选域构成（第 03~05 行）。之后，对 $C(u')$ 中所有候选节点依次匹配，若匹配结束，则将其在 $C(u')$ 中删除。在匹配过程中，通过 *CheckFeasibility*( ) 函数验证查询节点与数据节点是否满足条件，即查询节点标签与数据节点标签是否匹配以及邻接边和边标签是否匹配。若满足条件，则将匹配对 (u, v) 加入匹配集合 M 中。当所有查询节点匹配完成时，将其添加到匹配结果集合 M 中（第 06~18 行）。在算法 5.3 中，当完成所有查询节点的匹配，或者找不到查询节点的匹配项时，算法会从最后一个匹配的节点回溯并继续匹配。值得注意的是，回溯表示从 M 中删除最后一对匹配的查询节点和目标节点，并删除它们之间的映射。如果任何查询节点都无法建立匹配项，则停止匹配。在匹配过程结束后，算法 5.3 将返回所有已找到的匹配结果。

5.5 实验测试与分析

5.5.1 实验环境

本节中所有实验的软硬件环境如下。

CPU：Intel i5 10400 2.9 GHz。

内存：8 GB，2666 MHz。

硬盘：1 TB，7200 RPM。

操作系统：Microsoft Windows 10。

编程环境：PyCharm。

本节实验测试的数据集来自 YAGO 数据集[92]，由于实验测试是基于时空

RDF 数据模型所提出的查询方法，因此，数据集中的数据具有时态特征和空间特征。为了更好地、有针对性地对所提查询方法进行评估，从 YAGO 数据集中抽取出时态信息（yagoDateFacts）、空间信息（yagoGeonamesOnlyData）以及事实信息（yagoFacts）三个子数据集，抽取过程如下。

（1）时态信息 yagoDateFacts 子数据集。根据实体类型抽取出实体的开始时间和结束时间，作为该实体的时态信息。

（2）空间信息 yagoGeonamesOnlyData 子数据集。将每个实体“rdfs：label”对应的标签名作为实体的文本名称，并分别提取“haslatitude”和“haslongitude”对应的经纬度作为该实体的空间信息。

（3）事实信息 yagoFacts 子数据集。根据三元组（主语 s，谓语 p，宾语 o）信息，将主语（s）与 yagoDateFacts 子数据集中的实体进行匹配，若存在对应关系，则将对应的时间信息插入该主语（s）之后；与此同时，将宾语（o）与 yagoDateFacts 子数据集中的实体进行匹配，若存在对应关系，则将对应的时间信息插入该宾语（o）之后。然后，将主语（s）与 yagoGeonamesOnlyData 子数据集中的实体进行匹配，若存在对应关系，则将对应的经纬度信息插入该主语（s）之后；与此同时，将宾语（o）与 yagoGeonamesOnlyData 子数据集中的实体进行匹配，若存在对应关系，则将对应的经纬度信息插入该宾语（o）。最后，取主语（s）和宾语（o）时间信息的交集作为该三元组的时间信息，取主语（s）和宾语（o）空间信息的交集作为该三元组的空间信息。

（4）根据时态信息（yagoDateFacts）、空间信息（yagoGeonamesOnlyData）以及事实信息（yagoFacts）三个子数据集之间的联系，合并组成实验数据集。

根据以上四个抽取过程，生成大小为 200 M 的实验数据集，如表 5.1 所示。生成的数据集具有较好的时间属性、空间属性和文本属性的比例，且查询图的大小可以通过设置不同的顶点数和边数来控制。对于查询图，根据文本属性、时间属性和空间属性将查询图划分为 12 种类型，如表 5.2 所示。

表 5.1 数据集的统计信息

属性	元组个数	节点个数	边个数
—	72739	1585147	1574283
只包含时态属性	3126	74927	73173
只包含空间属性	1396364	1173759	—
包括时空属性	62849	5836	—
总计	1535078	2839669	1647456

表 5.2 查询图的 12 种类型

查询类型	查询条件
Q1	查询图中包含文本信息
Q2	查询图中包含具有时态属性的文本信息(时间点)
Q3	查询图中包含具有时态属性的文本信息(时间区间)
Q4	查询图中包含具有空间属性的文本信息(空间点)
Q5	查询图中包含具有空间属性的文本信息(空间线)
Q6	查询图中包含具有空间属性的文本信息(空间区域)
Q7	查询图中包含具有时空属性的文本信息(时间点、空间点)
Q8	查询图中包含具有时空属性的文本信息(时间点、空间线)
Q9	查询图中包含具有时空属性的文本信息(时间点、空间区域)
Q10	查询图中包含具有时空属性的文本信息(时间区间、空间点)
Q11	查询图中包含具有时空属性的文本信息(时间区间、空间线)
Q12	查询图中包含具有时空属性的文本信息(时间区间、空间区域)

5.5.2 实验结果

本小节进行两组实验测试，分别针对不同结构时空 RDF 数据的查询方法进行有效性实验和高效性实验，对比方法包括 a-subM[61]、t-subM[93]、s-SRR[75]、g^{st}-store[77]、stQuery。

首先，针对不同结构时空 RDF 数据的查询方法进行有效性实验。由于时态属性包含时间点和时间区间 2 种情况，空间属性包含空间点、空间线以及空间区域 3 种情况，因此，根据文本属性、时间属性和空间属性可将查询图划分为 4 组：第一组为查询图中包含文本信息的情况，涉及的查询类型为 Q1；第二组为查询图中包含具有时态属性文本信息的情况，涉及的查询类型为 Q2 和 Q3；第三组为查询图中包含具有空间属性文本信息的情况，涉及的查询类型为 Q4，Q5，Q6；第四组为查询图中包含具有时空属性文本信息的情况，涉及的查询类型为 Q7，Q8，Q9，Q10，Q11，Q12。

在查询响应时间方面，如图 5.7 所示为查询图中包含文本信息的查询响应时间比较结果。图 5.7(a)线性结构查询图中包含文本信息的查询响应时间比较结果显示：t-subM 方法的查询响应时间最长，s-SRR 方法的查询响应时间次之，a-subM 方法和 g^{st}-store 方法的查询响应时间相差不大且有长有短，stQuery 方法的查询响应时间最短。图 5.7(b)树状结构查询图中包含文本信息的查询响应时间比较结果显示：t-subM 方法的查询响应时间最长，s-SRR 方法的查询响应时间次之，a-subM 方法和 g^{st}-store 方法的查询响应时间相差不大且有长有短，stQuery 方法的查询响应时间最短。图 5.7(c)星形结构查询图中包含文本信息的查询响应时间比较结果显示：t-subM 方法的查询响应时间最长，s-SRR 方法的查询响应时间次之，a-subM 方法和 g^{st}-store 方法的查询响应时间相差不大且有长有短，查询响应时间最短的是 stQuery 方法。图 5.7(d)循环结构查询图中包含文本信息的查询响应时间比较结果显示：t-subM 方法的查询响应时间最长，s-SRR 方法的查询响应时间次之，a-subM 方法和 g^{st}-store 方法的查询响应时间相差不大且有长有短，stQuery 方法的查询响应时间最短。图 5.7(a)、图 5.7(b)、图 5.7(c)和图 5.7(d)显示，随着节点数增加，各个方法的查询响应时间也略微增加。综上，在第一组实验中，stQuery 方法在线性结构、树状结构、星形结构以及循环结构的查询图中都具有相对较好的性能。之所以产生这样的结果是因为此组查询图中仅包含文本信息，并没有包含时态信息或空间信息。因此，某些有针对性的查询方法的优势并没有很好地体现，而 stQuery 方法不仅考虑了时空属性，也考虑了一般属性。

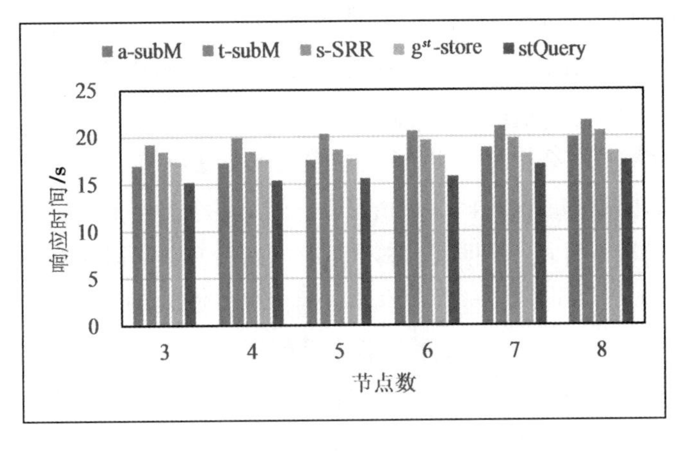

(a)线性结构

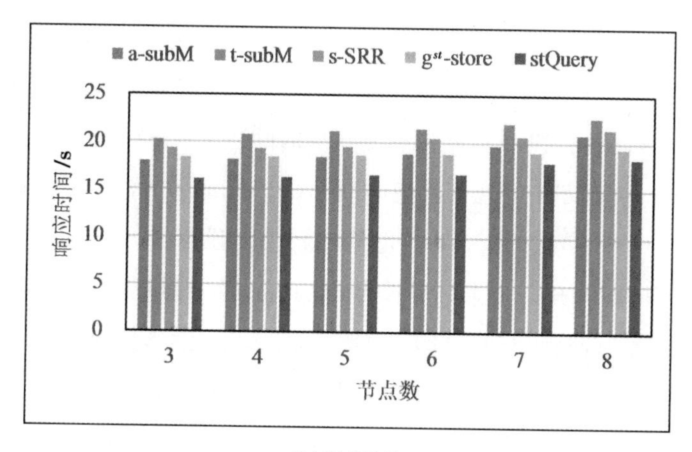

(b)树状结构

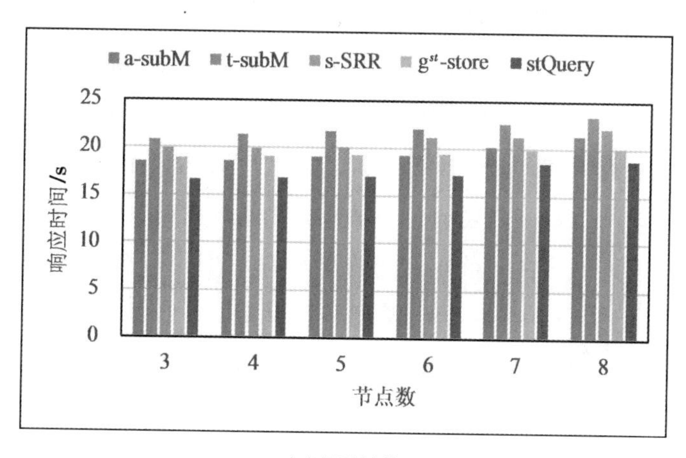

(c)星形结构

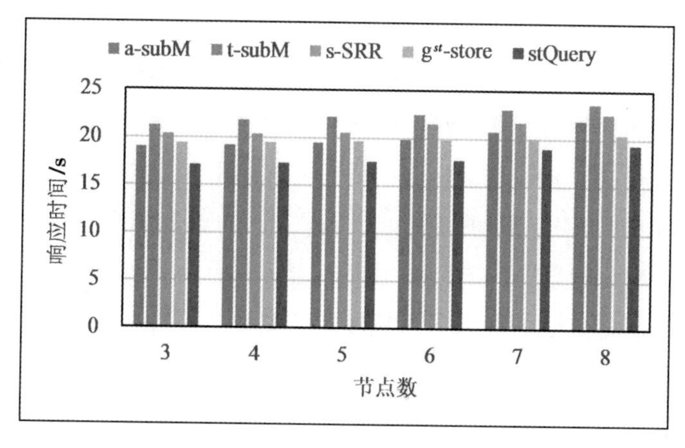

(d)循环结构

图 5.7　不同结构 Q1 的响应时间比较

如图5.8和图5.9所示为查询图中包含时态属性文本信息的查询响应时间比较结果。图5.8(a)线性结构的查询响应时间比较结果显示：a-subM方法的查询响应时间最长，s-SRR方法的查询响应时间次之，t-subM方法的查询响应时间第三，g^{st}-store方法的查询响应时间第四，stQuery方法的查询响应时间最短。图5.8(b)树状结构的查询响应时间比较结果显示：a-subM方法和s-SRR方法的查询响应时间相差不大且有长有短，t-subM方法的查询响应时间第三，g^{st}-store方法的查询响应时间第四，stQuery方法的查询响应时间最短。图5.8(c)星形结构的查询响应时间比较结果显示：a-subM方法的查询响应时间最长，s-SRR方法的查询响应时间次之，t-subM方法的查询响应时间第三，g^{st}-store方法的查询响应时间第四，stQuery方法的查询响应时间最短。图5.8(d)循环结构的查询响应时间比较结果显示：a-subM方法的查询响应时间最长，s-SRR方法的查询响应时间次之，t-subM方法的查询响应时间第三，g^{st}-store方法的查询响应时间第四，stQuery方法的查询响应时间最短。图5.9(a)线性结构的查询响应时间比较结果显示：a-subM方法的查询响应时间最长，s-SRR方法的查询响应时间次之，t-subM方法的查询响应时间第三，g^{st}-store方法的查询响应时间第四，stQuery方法的查询响应时间最短。图5.9(b)树状结构的查询响应时间比较结果显示：a-subM方法和s-SRR方法的查询响应时间相差不大且有长有短，t-subM方法的查询响应时间第三，g^{st}-store方法的查询响应时间第四，stQuery方法的查询响应时间最短。图5.9(c)星形结构的查询响应时间比较结果显示：a-subM方法的查询响应时间最长，s-SRR方法的查询响应时间次之，t-subM方法的查询响应时间第三，g^{st}-store方法的查询响应时间第四，stQuery方法的查询响应时间最短。图5.9(d)循环结构的查询响应时间比较结果显示：a-subM方法的查询响应时间最长，s-SRR方法的查询响应时间次之，t-subM方法的查询响应时间第三，g^{st}-store方法的查询响应时间第四，stQuery方法的查询响应时间最短。图5.8、图5.9显示，随着节点数增加，各个方法的查询响应时间也略微增加。综上，在第二组实验中，无论是涉及时间点的Q2还是涉及时间区间的Q3，stQuery方法在线性结构、树状结构、星形结构以及循环结构的查询图中都具有相对较好的性能；a-subM方法和s-SRR方法由于没有考虑时态属性，从而在线性结构、树状结构、星形结构以及循环结构的查询图中具有较长的查询响应时间；t-subM方法考虑了时间属性，因此在线性结构、树状结构、星形结构以及循环结构查询图中查询响应时间与 a-subM 方法和 s-SRR 方法相比较短；g^{st}-store 方法由于结构上的优势，在线性结构、树状结构、星形结构以及循环结构的查询图中的查询响应时间相对较好。之所以产生这样的结果是因为此组查询图中包含时态信息(时间点、时间区间)。因此，考虑到时态属性的 t-subM 方法、g^{st}-store 方法以及 stQuery 方法在线性结构、树状结构、星形结构以及循环结构的查询图中的查询响应时间方面要优于 a-subM方法和 s-SRR 方法。

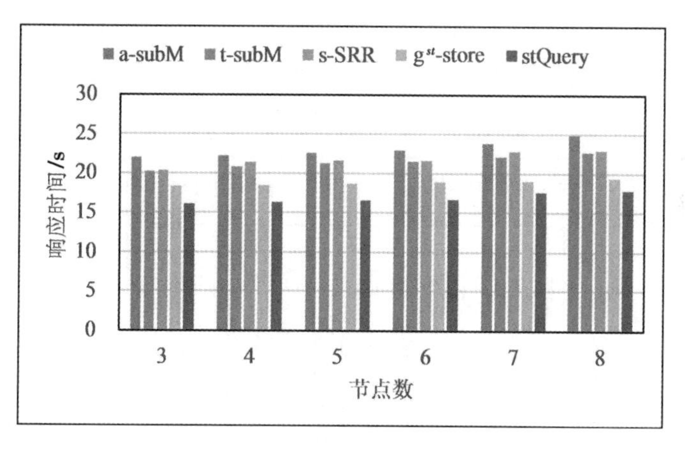

(a)线性结构

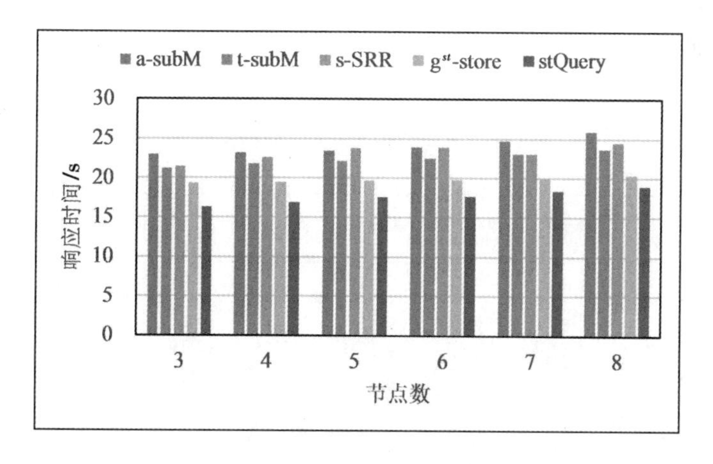

(b)树状结构

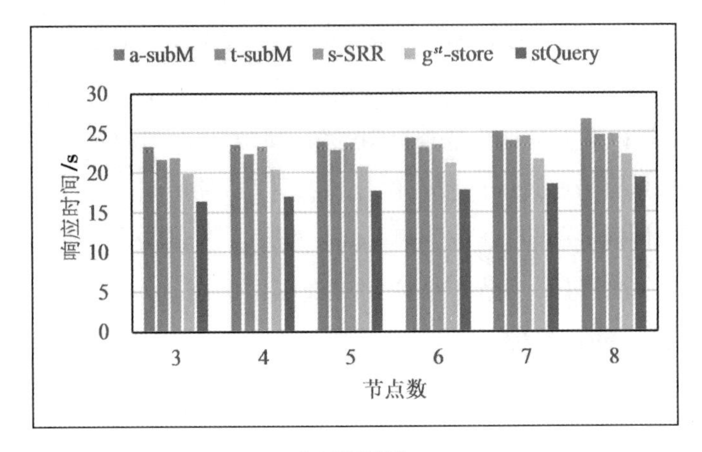

(c)星形结构

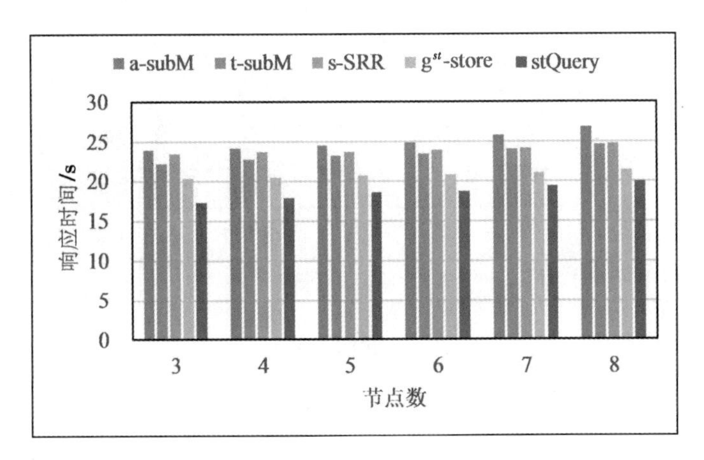

(d)循环结构

图 5.8　不同结构 Q2 的响应时间比较

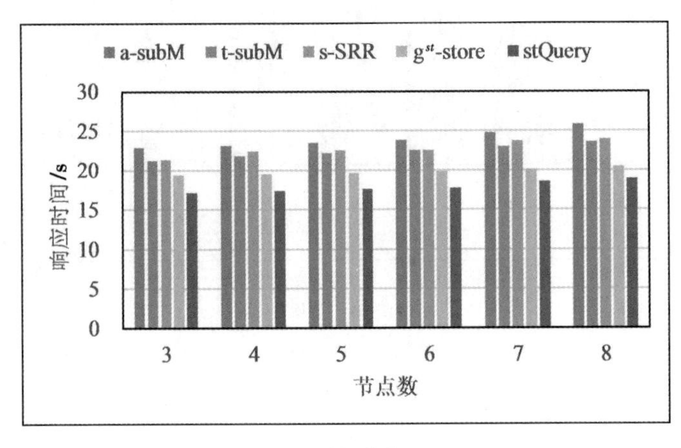

(a)线性结构

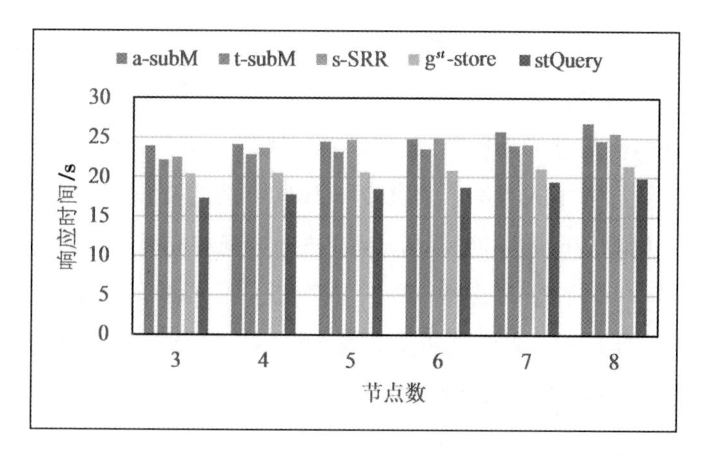

(b)树状结构

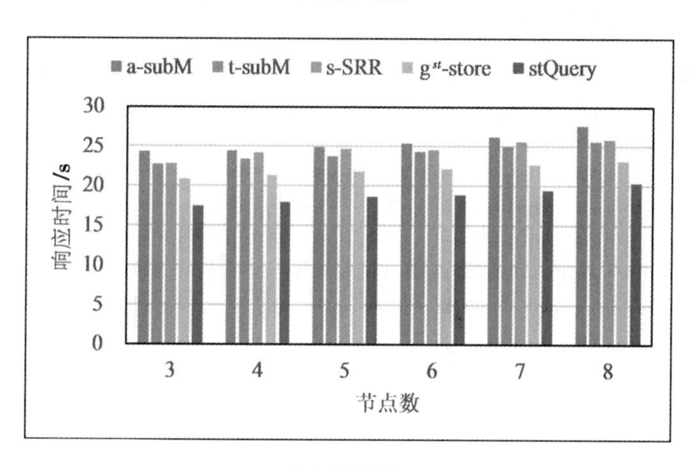

(c)星形结构

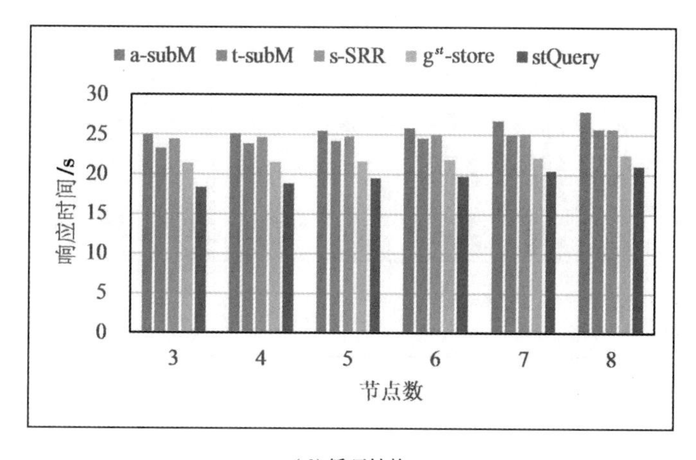

(d)循环结构

图 5.9　不同结构 Q3 的响应时间比较

如图 5.10、图 5.11 和图 5.12 所示为查询图中包含空间属性文本信息的查询响应时间比较结果。图 5.10、图 5.11 和图 5.12 线性结构、树状结构、星形结构以及循环结构的查询响应时间比较结果显示：a-subM 方法和 t-subM 方法的查询响应时间相差不大且有长有短，s-SRR 方法的查询响应时间第三，g^{st}-store 方法的查询响应时间第四，stQuery 方法的查询响应时间最短。图 5.10、图 5.11、图 5.12 显示，随着节点数增加，各个方法的查询响应时间也略微增加。综上，在第三组实验中，无论是涉及空间点的 Q4、涉及空间线的 Q5，还是涉及空间区域的 Q6，stQuery 方法在线性结构、树状结构、星形结构以及循环结构的查询图中都具有相对较好的性能；a-subM 方法和 t-subM 方法由于没有考虑空间属性，从而在线性结构、树状结构、星形结构以及循环结构的查询图中具有较长的查询响应时间；s-SRR 方法考虑了空间属性，因此在线性结构、树状结构、星形结构以及循环结构查询图中查询响应时间与 a-subM 方法和 t-subM 方法相比较短；g^{st}-store 方法由于结构上的优势，在线性结构、树状结构、星形结构以及循环结构的查询图中的查询响应时间相对较好。之所以产生这样的结果是因为此组查询图中包含空间信息(空间点、空间线、空间区域)。因此，考虑到空间属性的 s-SRR 方法、g^{st}-store 方法以及 stQuery 方法在线性结构、树状结构、星形结构以及循环结构的查询图中的查询响应时间方面要优于a-subM方法和 t-subM 方法。

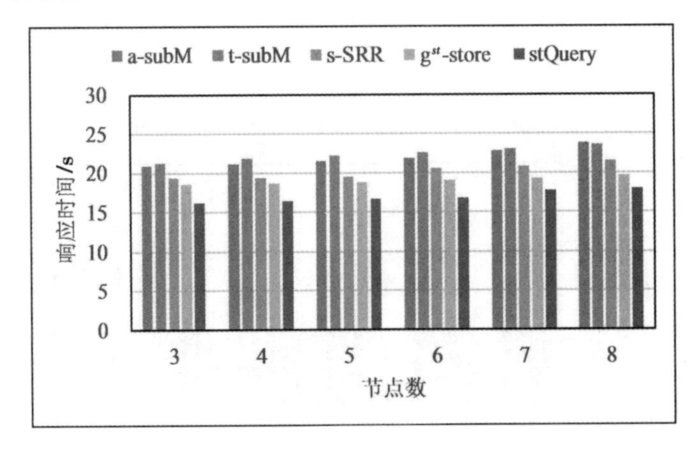

(a)线性结构

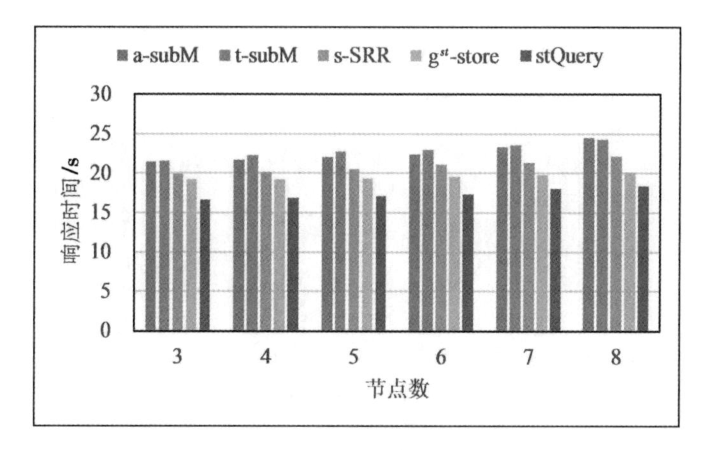

(b)树状结构

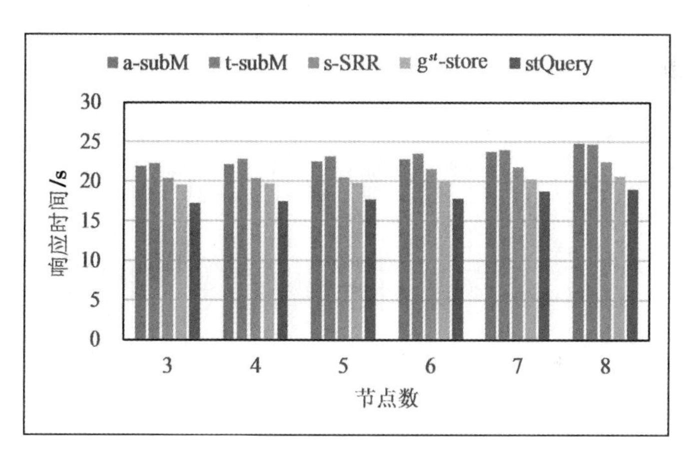

(c)星形结构

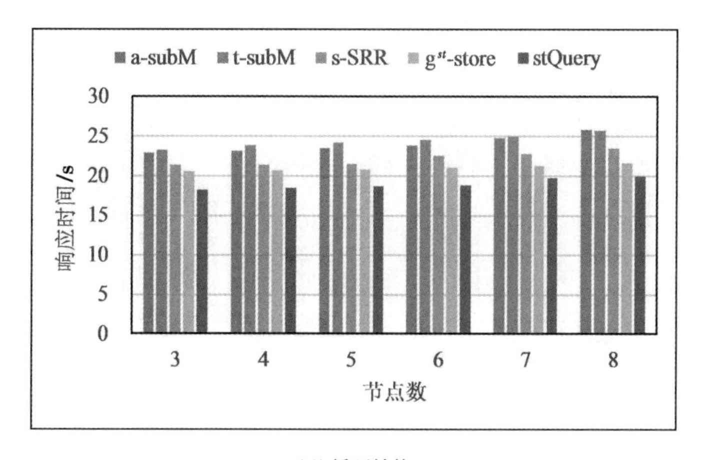

(d)循环结构

图 5.10　不同结构 Q4 的响应时间比较

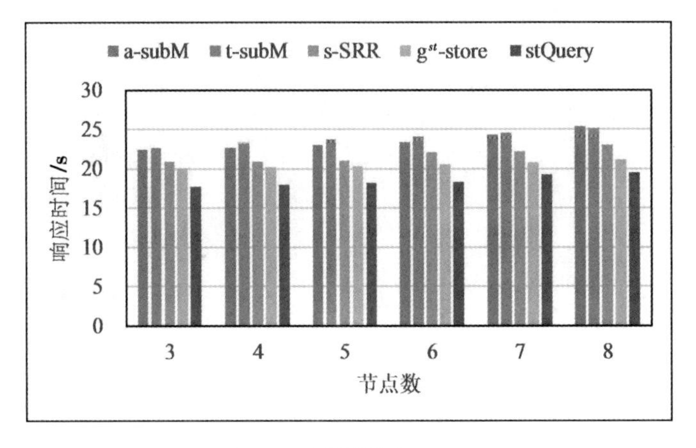

(a)线性结构

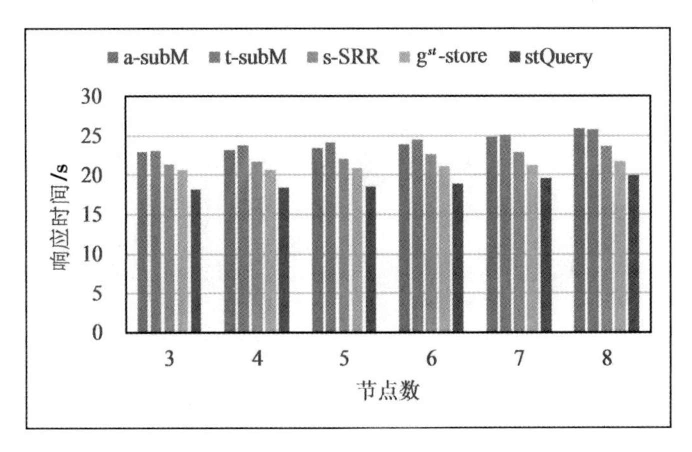

(b)树状结构

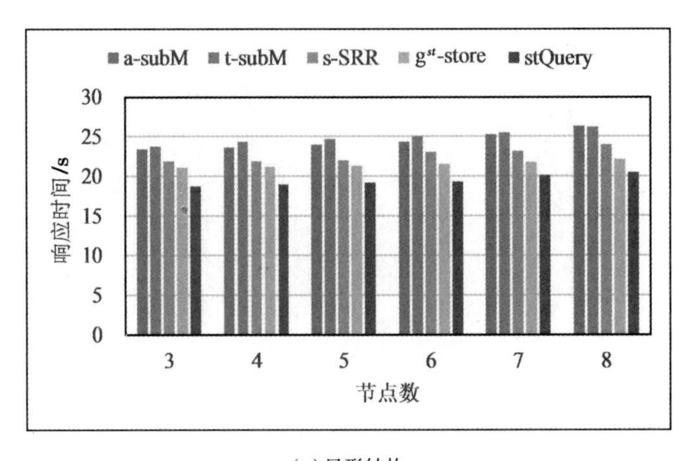

(c)星形结构

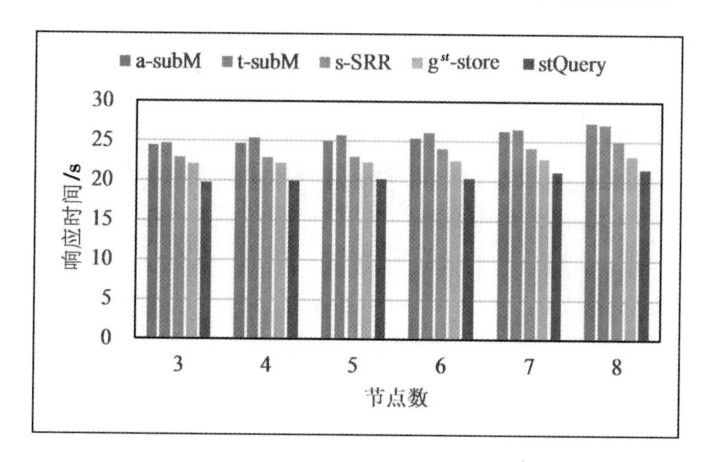

(d)循环结构

图 5.11 不同结构 Q5 的响应时间比较

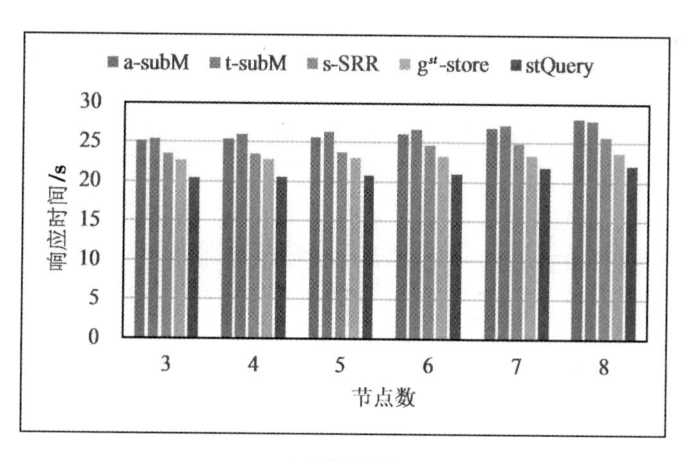

(a)线性结构

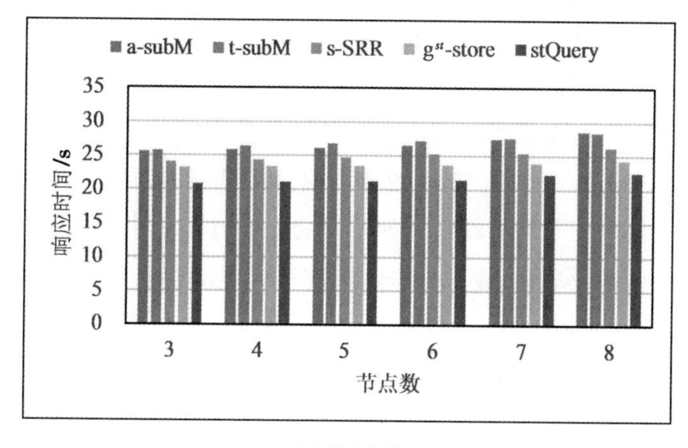

(b)树状结构

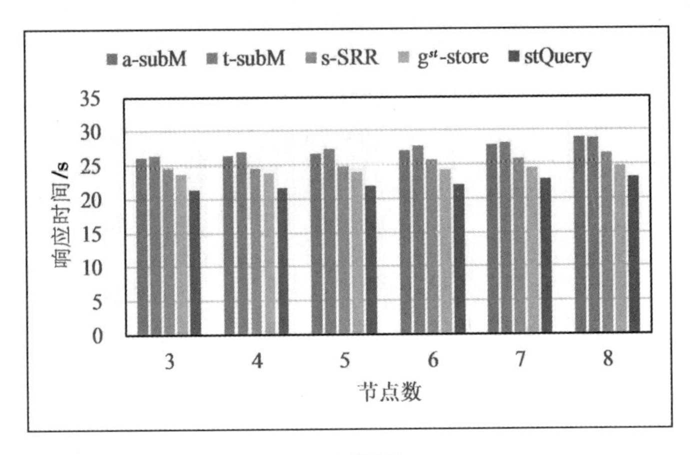

(c)星形结构

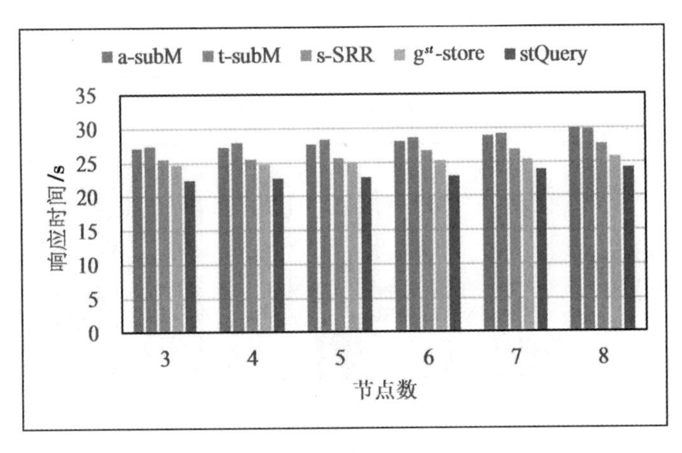

(d)循环结构

图 5.12　不同结构 Q6 的响应时间比较

如图 5.13 至图 5.18 所示为查询图中包含时空属性文本信息的查询响应时间比较结果。其中，图 5.13、图 5.14 和图 5.15 线性结构、树状结构、星形结构以及循环结构的查询响应时间比较结果显示：a-subM 方法的查询响应时间最长，t-subM 方法和 s-SRR 方法的查询响应时间相差不大且有长有短，g^{st}-store 方法的查询响应时间第四，stQuery 方法的查询响应时间最短。图 5.16、图 5.17 和图 5.18 线性结构、树状结构、星形结构以及循环结构的查询响应时间比较结果显示：a-subM 方法的查询响应时间最长，t-subM 方法的查询响应时间次之，s-SRR 方法的查询响应时间第三，g^{st}-store 方法的查询响应时间第四，stQuery 方法的查询响应时间最短。图 5.13 至图 5.18 显示，随着节点数增加，各个方法的查询响应时间也略微增加。综上，在第四组实验 Q7 至 Q12 中，

stQuery 方法在线性结构、树状结构、星形结构以及循环结构的查询图中都具有相对较好的性能；t-subM 方法和 s-SRR 方法在 Q7，Q8，Q9 的线性结构、树状结构、星形结构以及循环结构的查询图中的查询响应时间相差不大，在 Q10，Q11，Q12 的线性结构、树状结构、星形结构以及循环结构的查询图中的查询响应时间前者比后者长；g^{st}-store 方法由于结构上的优势，在线性结构、树状结构、星形结构以及循环结构的查询图中的查询响应时间相对较好。之所以产生这样的结果是因为此组查询图中包含时空信息。因此，考虑到时空属性的 g^{st}-store 方法和 stQuery 方法在查询图中的查询响应时间方面要优于 a-subM 方法、t-subM 方法和 s-SRR 方法。

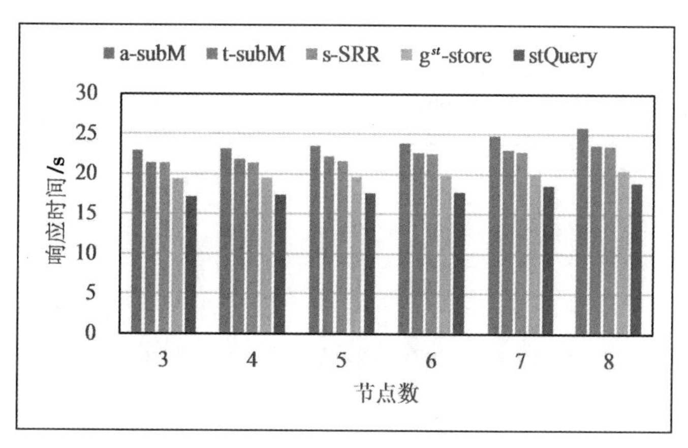

(a)线性结构

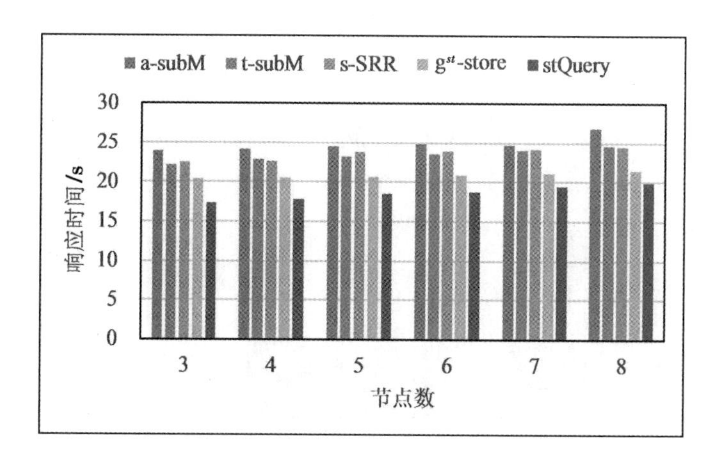

(b)树状结构

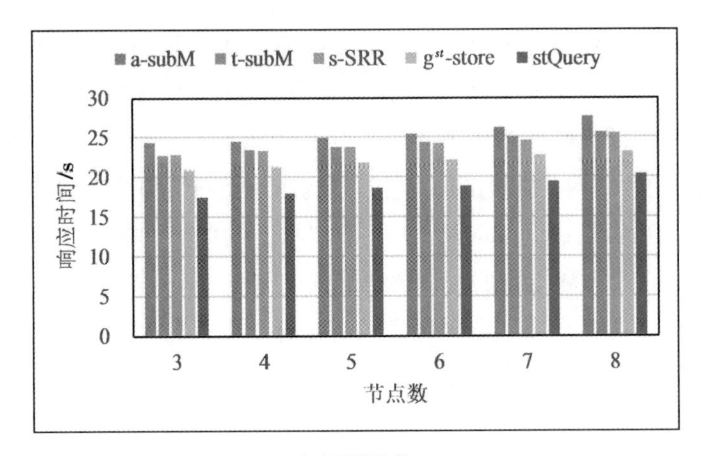

(c)星形结构

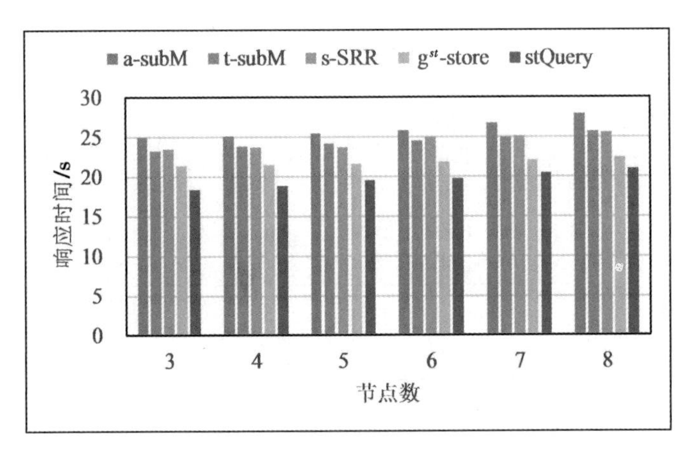

(d)循环结构

图 5.13　不同结构 Q7 的响应时间比较

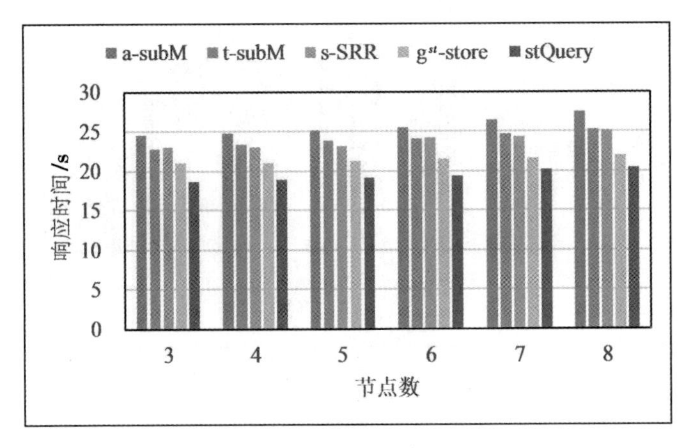

(a)线性结构

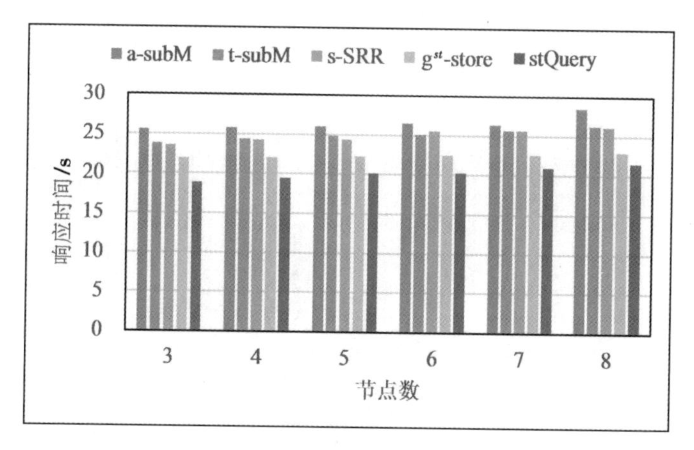

(b)树状结构

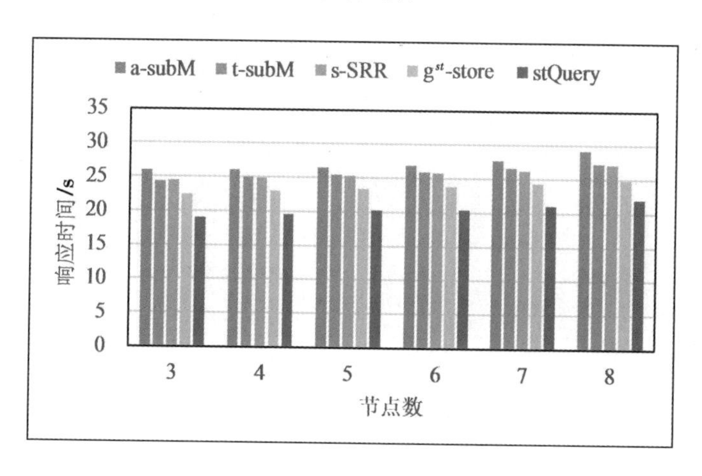

(c)星形结构

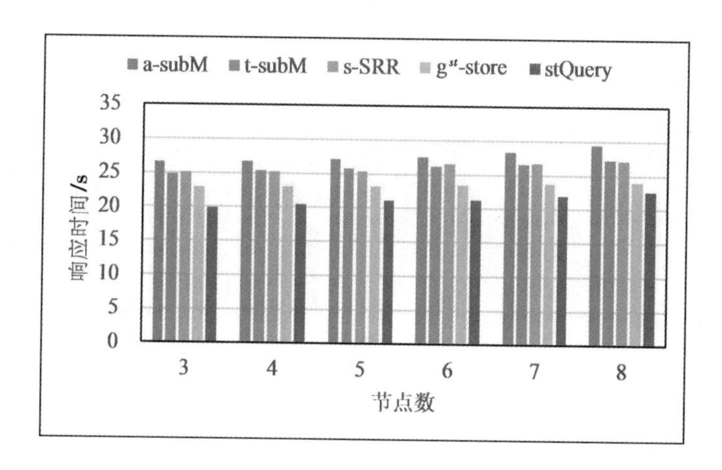

(d)循环结构

图 5.14　不同结构 Q8 的响应时间比较

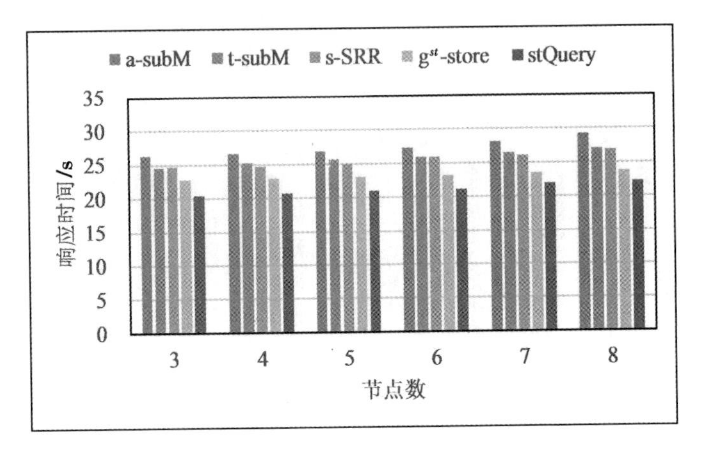

(a)线性结构

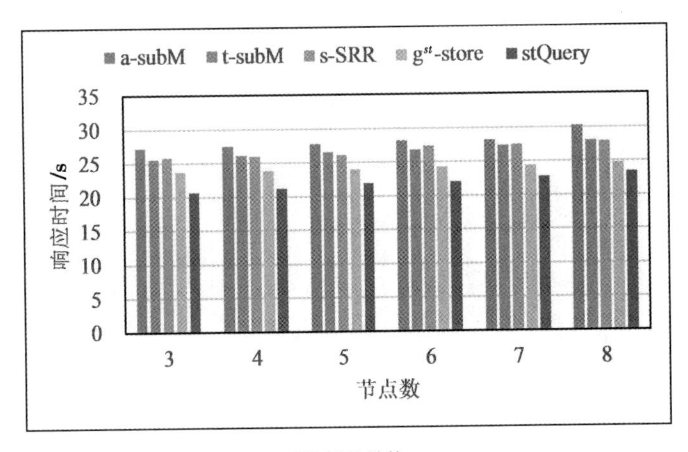

(b)树状结构

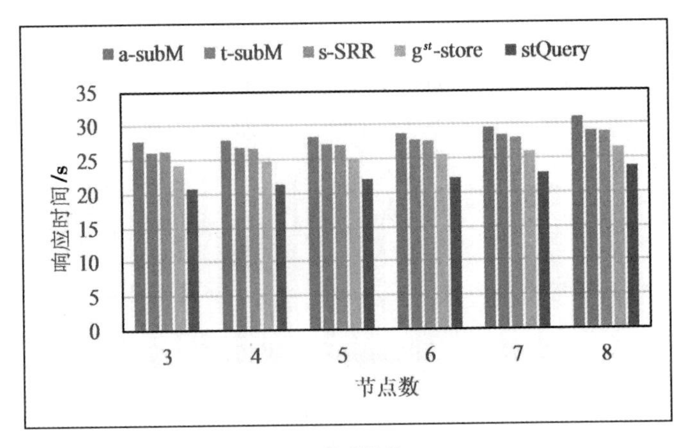

(c)星形结构

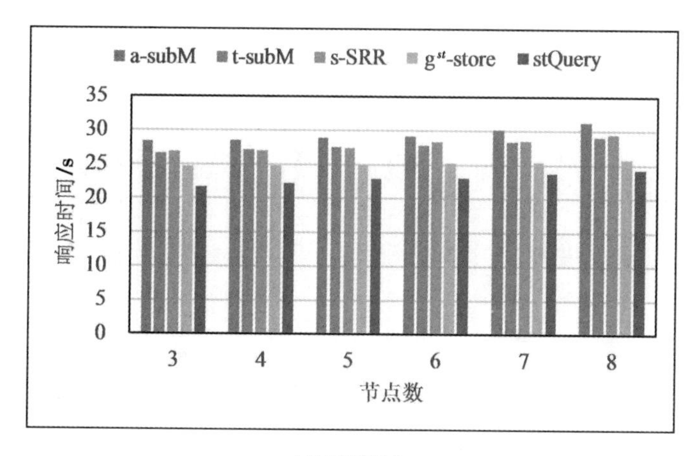

(d)循环结构

图 5.15 不同结构 Q9 的响应时间比较

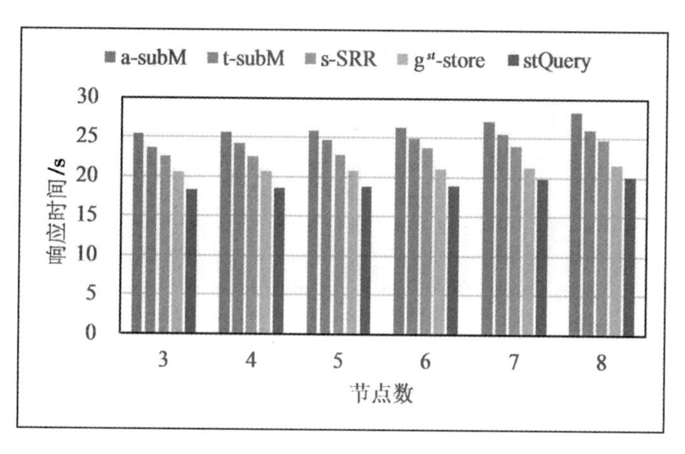

(a)线性结构

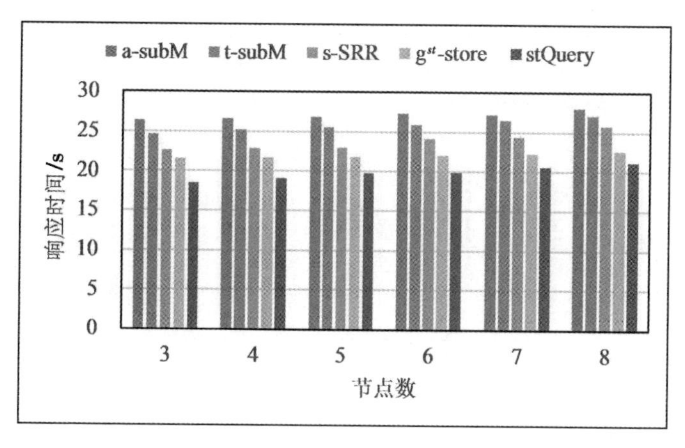

(b)树状结构

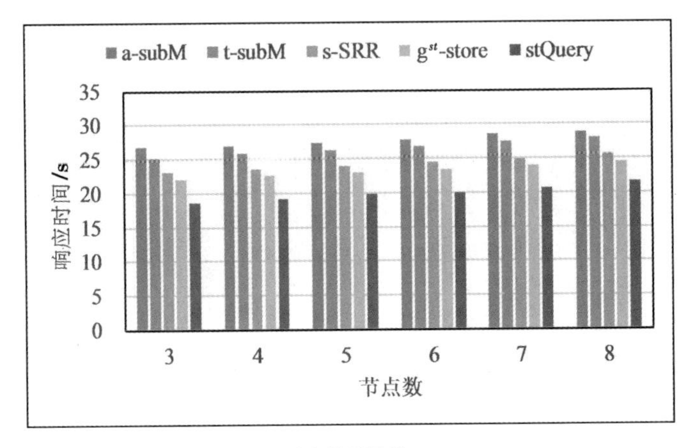

(c)星形结构

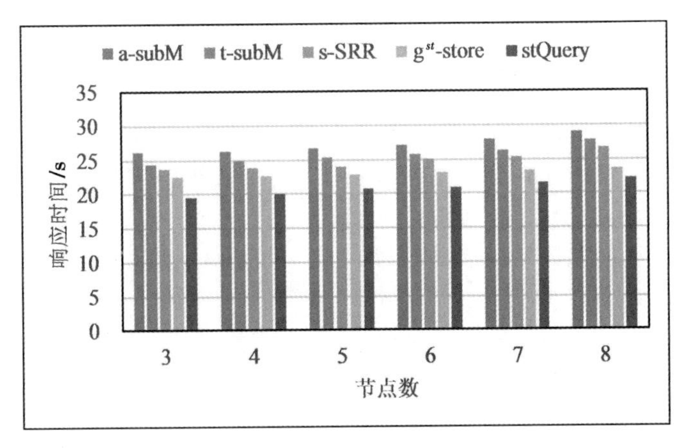

(d)循环结构

图 5.16　不同结构 Q10 的响应时间比较

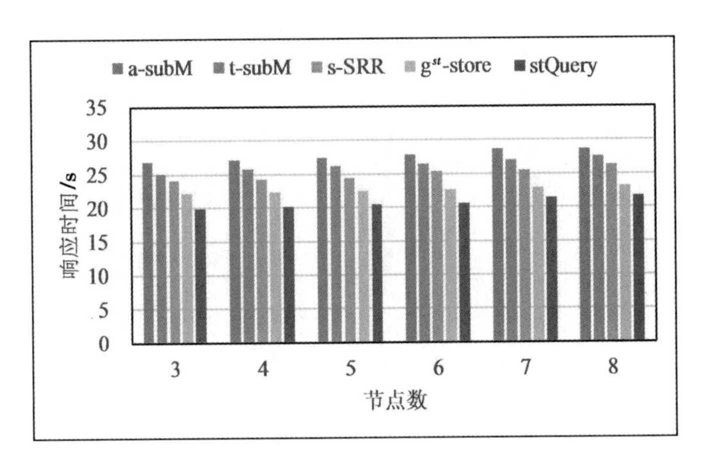

(a)线性结构

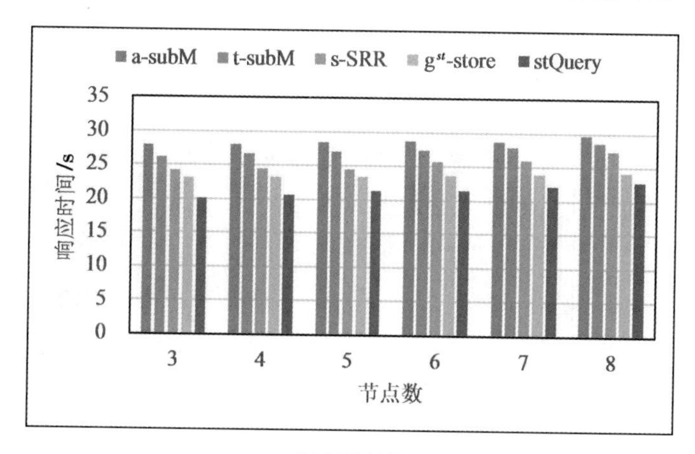

(b)树状结构

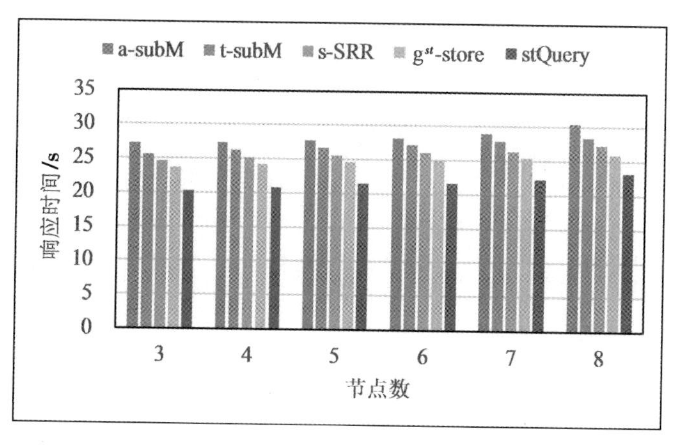

(c)星形结构

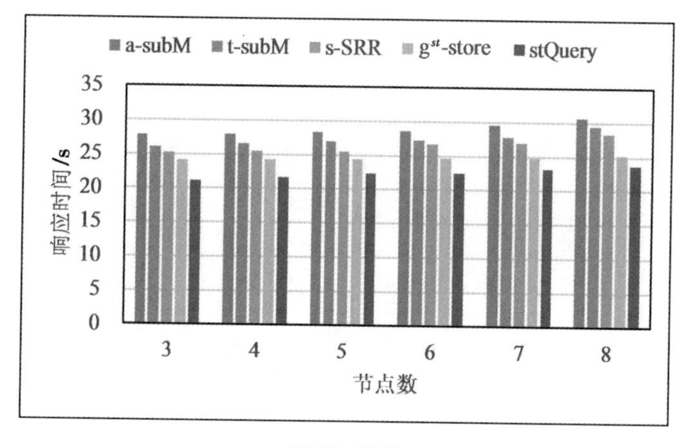

(d)循环结构

图 5.17　不同结构 Q11 的响应时间比较

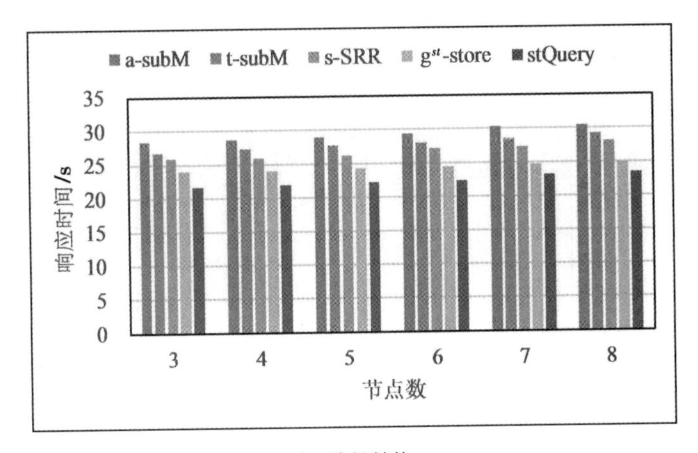

(a)线性结构

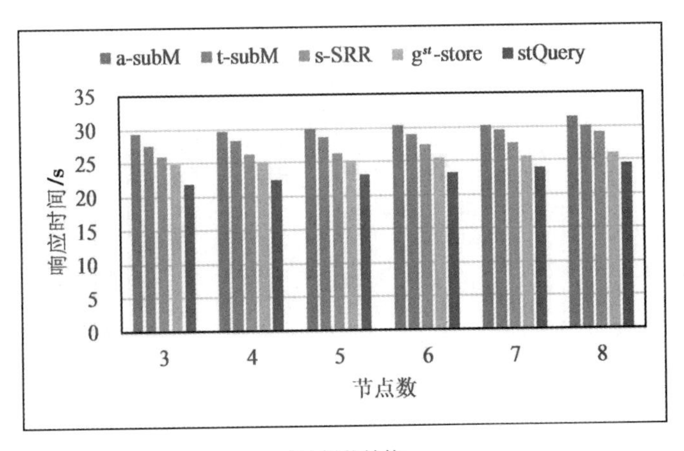

(b)树状结构

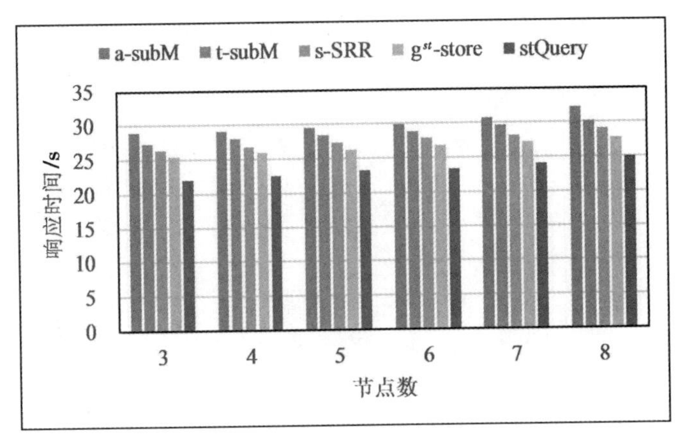

(c)星形结构

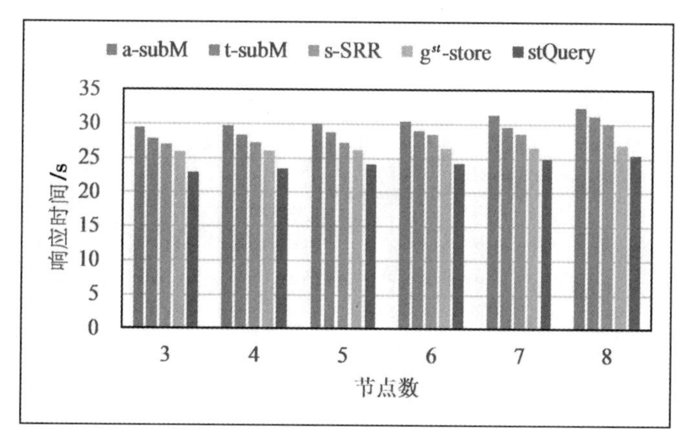

(d)循环结构

图 5.18　不同结构 Q12 的响应时间比较

在查询内存消耗方面，如图 5.19 所示为查询图中包含文本信息的查询内存消耗比较结果。图 5.19(a)线性结构查询图中包含文本信息的查询内存消耗比较结果显示：a-subM 方法的查询内存消耗最大，t-subM 方法的查询内存消耗次之，stQuery 方法的查询内存消耗居中，s-SRR 方法的查询内存消耗较小，g^{st}-store 方法的查询内存消耗最小。图 5.19(b)树状结构查询图中包含文本信息的查询内存消耗比较结果显示：a-subM 方法的查询内存消耗最大，t-subM 方法的查询内存消耗次之，stQuery 方法的查询内存消耗居中，s-SRR 方法的查询内存消耗较小，g^{st}-store 方法的查询内存消耗最小。图 5.19(c)星形结构查询图中包含文本信息的查询内存消耗比较结果显示：a-subM 方法的查询内存消耗最大，t-subM 方法的查询内存消耗次之，stQuery 方法的查询内存消耗居中，s-SRR 方法的查询内存消耗较小，g^{st}-store 方法的查询内存消耗最小。图 5.19(d)循环结构查询图中包含文本信息的查询内存消耗比较结果显示：a-subM 方法的查询内存消耗最大，t-subM 方法的查询内存消耗次之，stQuery 方法的查询内存消耗居中，s-SRR 方法的查询内存消耗较小，g^{st}-store 方法的查询内存消耗最小。图 5.19 显示，随着节点数增加，各个方法的查询内存消耗也略微增加。综上，在第一组实验中 stQuery 方法在线性结构、树状结构、星形结构以及循环结构的查询图中的性能居中。之所以产生这样的结果是因为此组查询图中仅包含文本信息，并没有包含时态信息或空间信息。因此，某些有针对性的查询方法的优势并没有很好地体现。

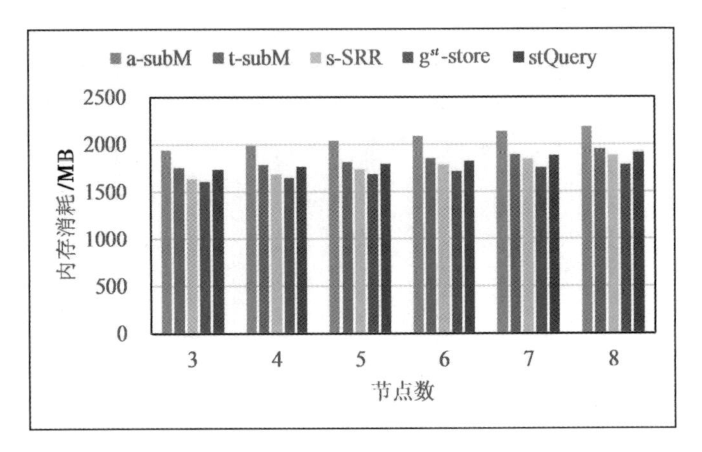

(a)线性结构

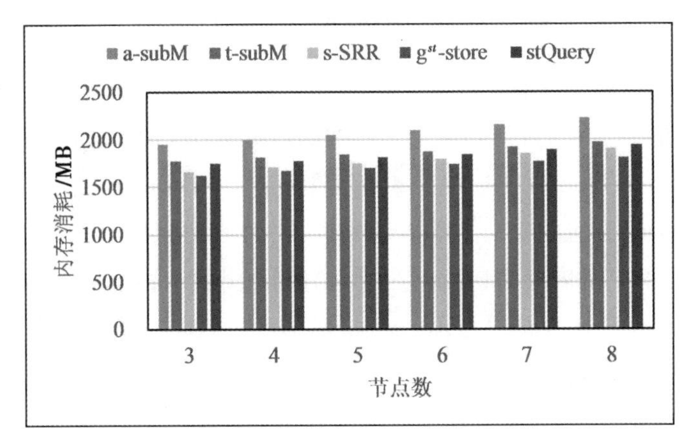

(b)树状结构

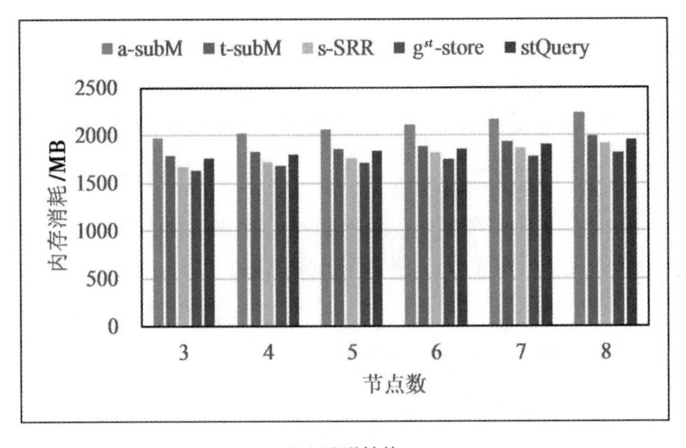

(c)星形结构

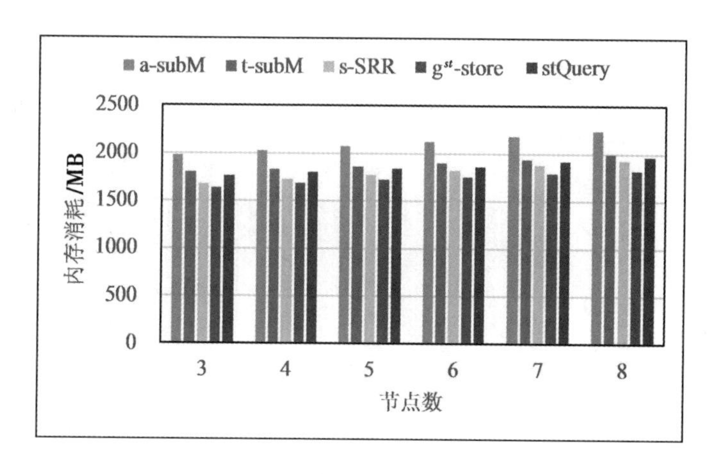

(d)循环结构

图 5.19 不同结构 Q1 的内存消耗比较

如图 5.20 和图 5.21 所示为查询图中包含时态属性文本信息的查询内存消耗比较结果。图 5.20 线性结构、树状结构、星形结构以及循环结构的查询内存消耗比较结果显示：a-subM 方法的查询内存消耗最大，t-subM 方法和 s-SRR 方法的查询内存消耗相差不大且有大有小，stQuery 方法的查询内存消耗较小，g^{st}-store 方法的查询内存消耗最小。图 5.21 线性结构、树状结构、星形结构以及循环结构的查询内存消耗比较结果显示：a-subM 方法的查询内存消耗最大，s-SRR 方法的查询内存消耗次之，t-subM 方法的查询内存消耗居中，stQuery 方法的查询内存消耗较小，g^{st}-store 方法的查询内存消耗最小。图 5.20 和图 5.21 显示，随着节点数增加，各个方法的查询内存消耗也略微增加。综上，在第二组实验中，无论是涉及时间点的 Q2 还是涉及时间区间的 Q3，stQuery 方法在线性结构、树状结构、星形结构以及循环结构的查询图中都具有相对较好的性能，仅次于 g^{st}-store 方法，且性能差别不大；t-subM 方法考虑了时间属性，因此在线性结构、树状结构、星形结构以及循环结构查询图中的查询内存消耗在 Q2 上与 s-SRR 方法接近，在 Q3 上优于 s-SRR 方法；a-subM 方法由于没有考虑时态属性，从而在线性结构、树状结构、星形结构以及循环结构的查询图中具有较大的查询内存消耗。之所以产生这样的结果是因为此组查询图中包含时态信息(时间点、时间区间)。因此，考虑到时态属性的 g^{st}-store 方法以及 stQuery 方法在线性结构、树状结构、星形结构以及循环结构的查询图中的查询内存消耗较小。

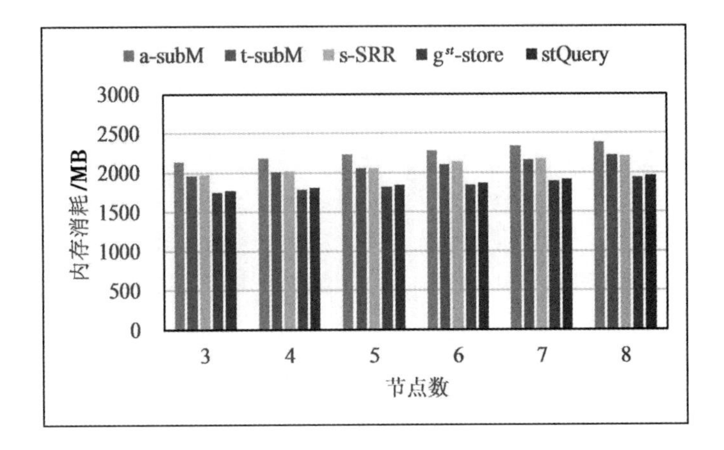

(a)线性结构

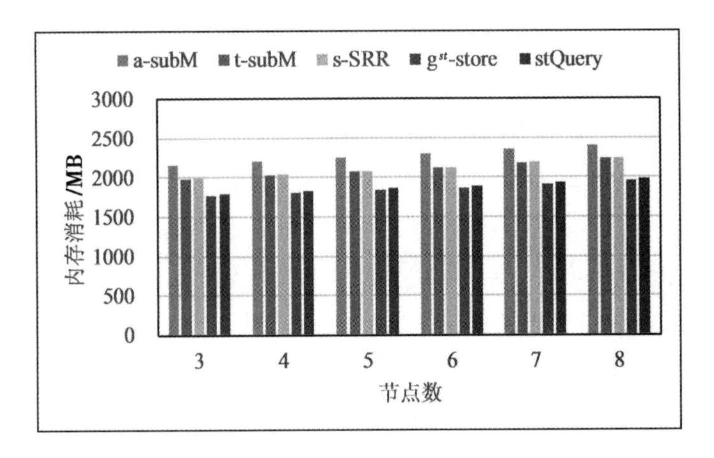

(b)树状结构

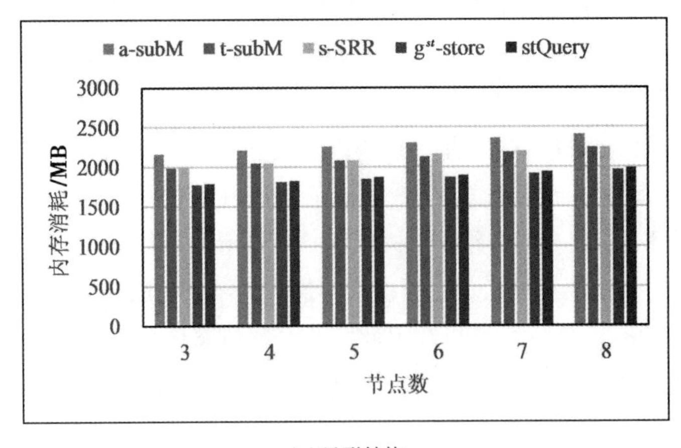

(c)星形结构

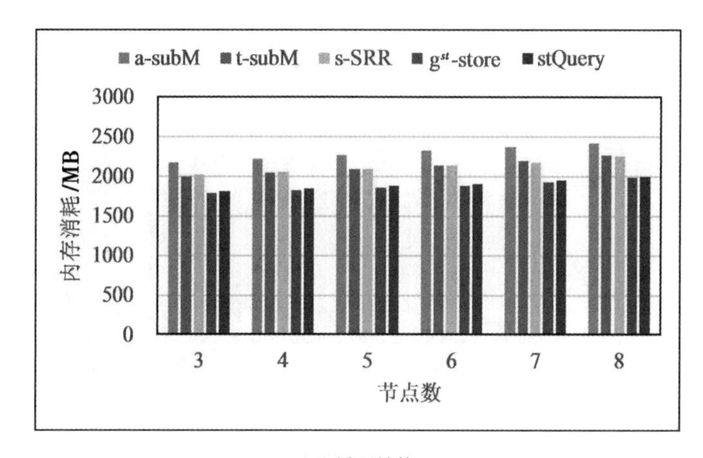

(d)循环结构

图 5.20　不同结构 Q2 的内存消耗比较

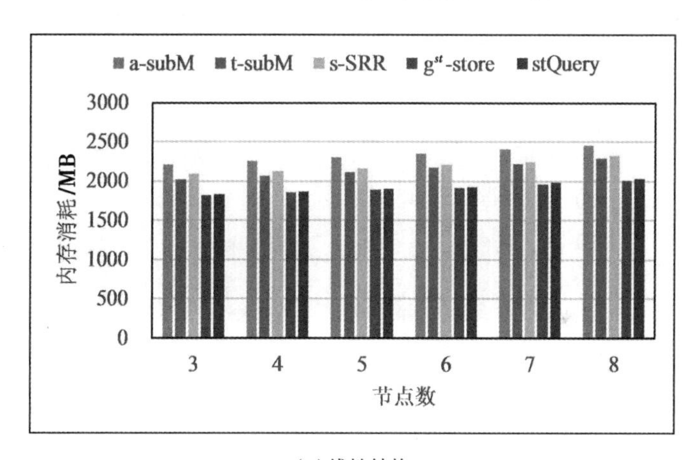

(a)线性结构

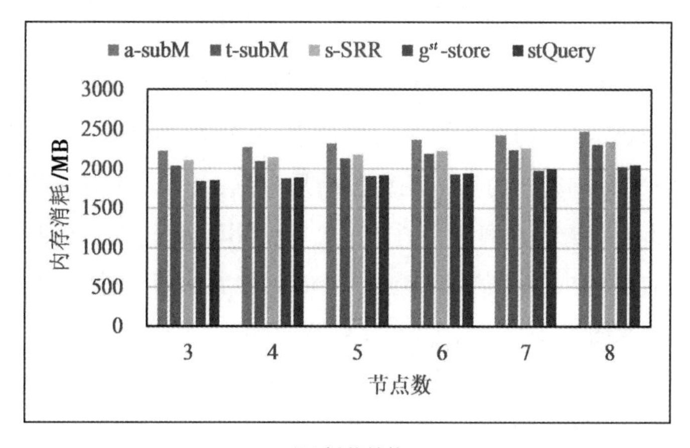

(b)树状结构

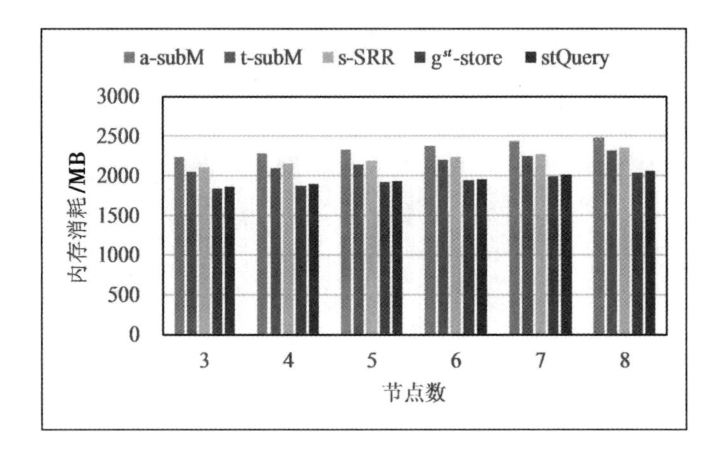

(c)星形结构

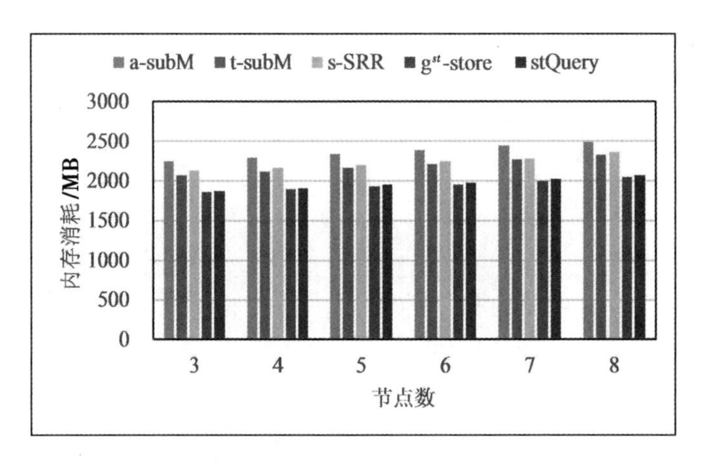

(d)循环结构

图 5.21　不同结构 Q3 的内存消耗比较

如图 5.22、图 5.23 和图 5.24 所示为查询图中包含空间属性文本信息的查询内存消耗比较结果。图 5.22、图 5.23 和图 5.24 线性结构、树状结构、星形结构以及循环结构的查询内存消耗比较结果显示：a-subM 方法的查询内存消耗最大，t-subM 方法的查询内存消耗次之，s-SRR 方法的查询内存消耗居中，stQuery 方法的查询内存消耗较小，g^{st}-store 方法的查询内存消耗最小。图 5.22、图 5.23 和图 5.24 显示，随着节点数增加，各个方法的查询内存消耗也略微增加。综上，在第三组实验中，无论是涉及空间点的 Q4、涉及空间线的 Q5，还是涉及空间区域的 Q6，stQuery 方法在线性结构、树状结构、星形结构以及循环结构的查询图中都具有相对较好的性能，仅次于 g^{st}-store 方法，且性能差别非常小；s-SRR 方法考虑了空间属性，因此在线性结构、树状结构、星形结构以及循环结构查询图中的查询内存消耗居中；t-subM 方法在线性结构、树状结构、星形结构以及循环结构查询图中的查询内存消耗较大，但仅略高于 s-SRR 方法的查询内存消耗；a-subM 方法由于没有考虑空间属性，从而在线性结构、树状结构、星形结构以及循环结构的查询图中具有最大的查询内存消耗。之所以产生这样的结果是因为此组查询图中包含空间信息（空间点、空间线、空间区域）。因此，考虑到空间属性的 g^{st}-store 方法和 stQuery 方法在线性结构、树状结构、星形结构以及循环结构的查询图中的查询内存消耗较小，且 stQuery 方法的查询内存消耗与 g^{st}-store 方法的查询内存消耗差别非常小。

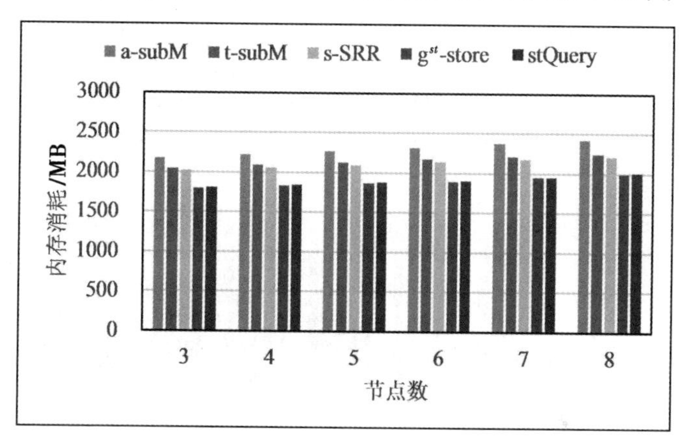

(a)线性结构

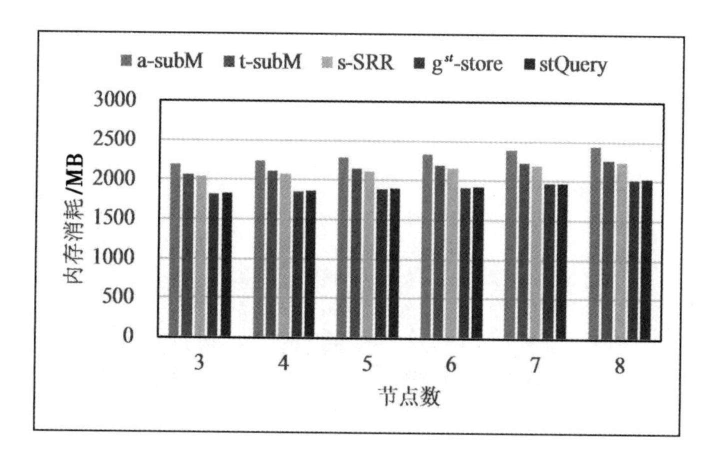

(b)树状结构

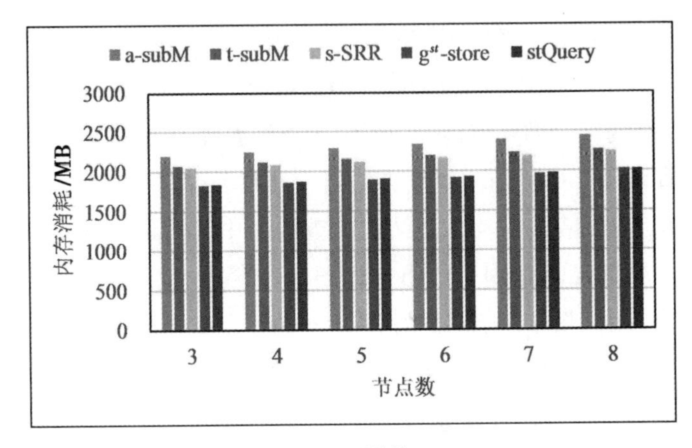

(c)星形结构

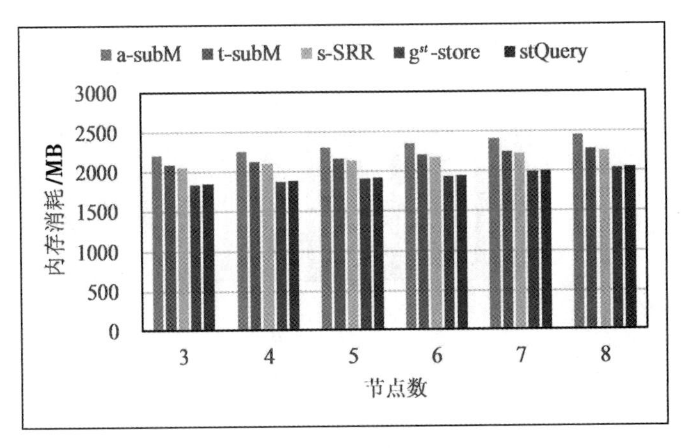

(d)循环结构

图 5.22　不同结构 Q4 的内存消耗比较

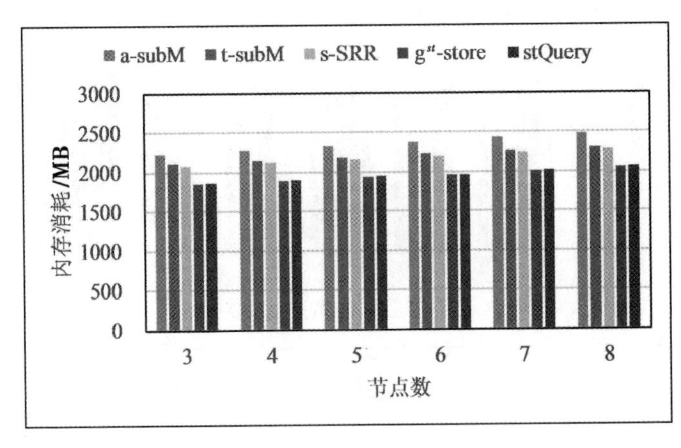

(a)线性结构

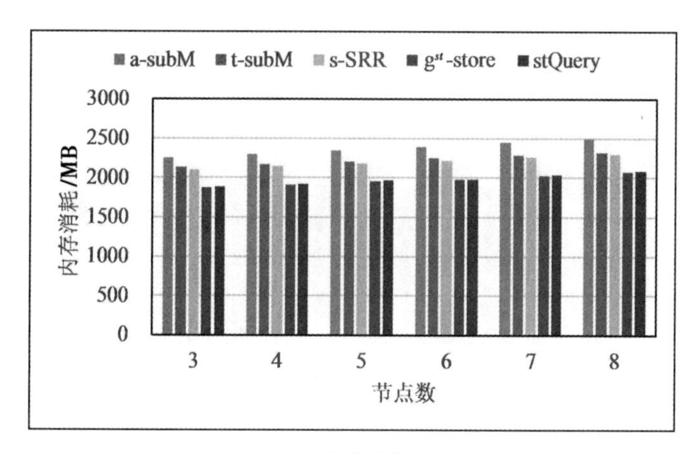

(b)树状结构

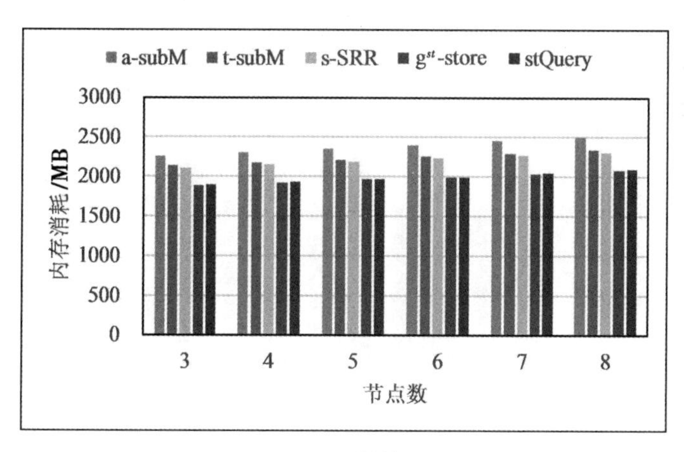

(c)星形结构

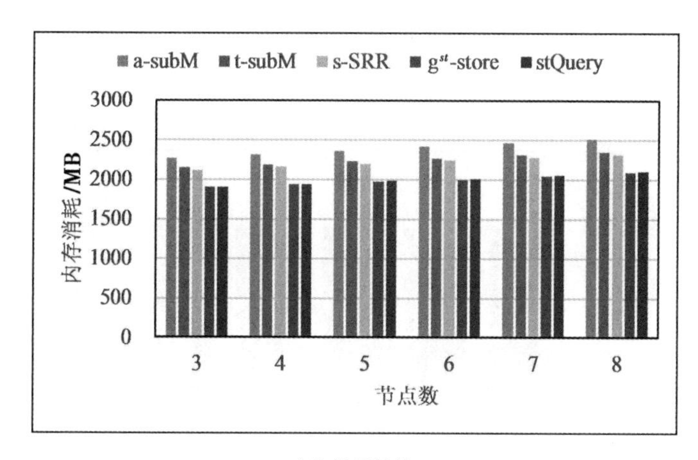

(d)循环结构

图 5.23 不同结构 Q5 的内存消耗比较

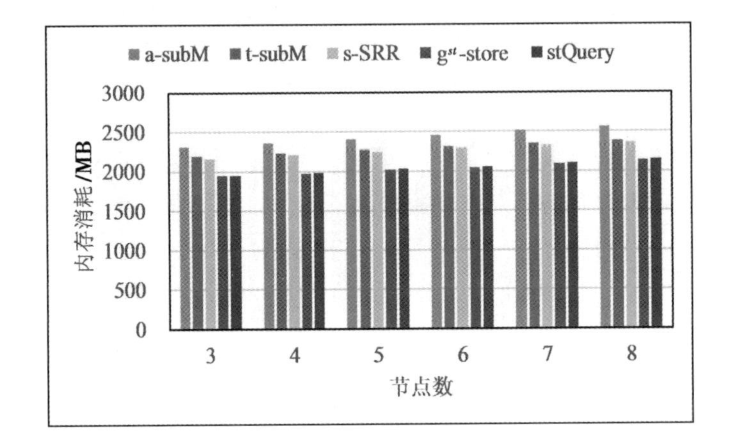

(a)线性结构

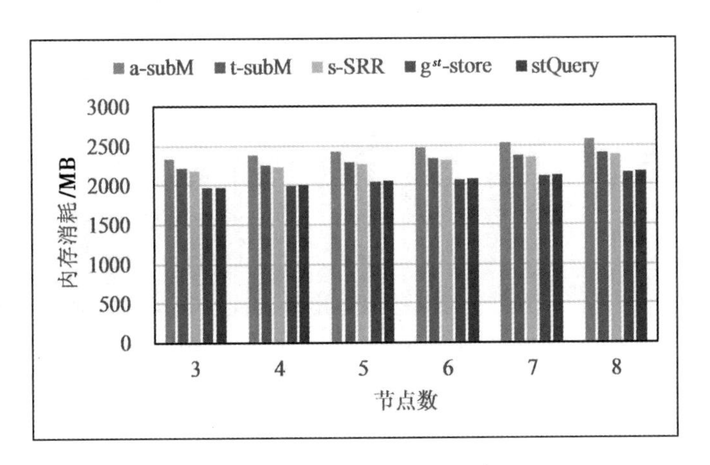

(b)树状结构

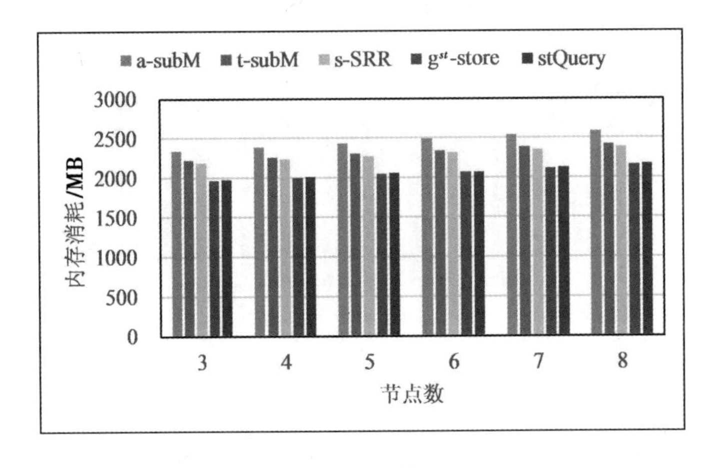

(c)星形结构

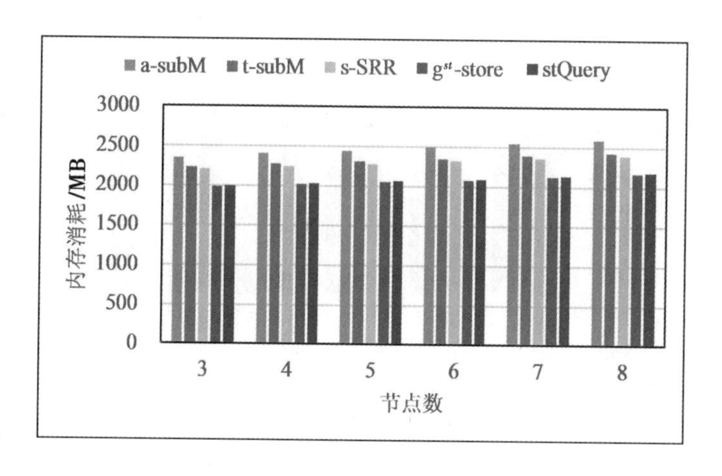

(d)循环结构

图 5.24　不同结构 Q6 的内存消耗比较

如图 5.25 至图 5.30 所示为查询图中包含时空属性文本信息的查询内存消耗比较结果。图 5.25 至图 5.30 线性结构、树状结构、星形结构以及循环结构的查询内存消耗比较结果显示：a-subM 方法的查询内存消耗最大，t-subM 方法的查询内存消耗次之，s-SRR 方法的查询内存消耗居中，stQuery 方法的查询内存消耗较小，g^{st}-store 方法的查询内存消耗最小。图 5.25 至图 5.30 显示，随着节点数增加，各个方法的查询内存消耗也略微增加。综上，在第四组实验 Q7，Q8，Q9，Q10，Q11，Q12 中，stQuery 方法在线性结构、树状结构、星形结构以及循环结构的查询图中都具有相对较好的性能，仅次于 g^{st}-store 方法，且两者性能差别非常小；s-SRR 方法在线性结构、树状结构、星形结构以及循环结构查询图中的查询内存消耗居中；t-subM 方法在线性结构、树状结构、星形结构以及循环结构查询图中的查询内存消耗较大，但仅略高于 s-SRR 方法的查询内存消耗；a-subM 方法由于没有考虑时空属性，从而在线性结构、树状结构、星形结构以及循环结构的查询图中具有最大的查询内存消耗。之所以产生这样的结果是因为此组查询图中包含时空信息(时间点、时间区间、空间点、空间线、空间区域)。因此，考虑到时空属性的 g^{st}-store 方法和 stQuery 方法在线性结构、树状结构、星形结构以及循环结构的查询图中的查询内存消耗较小，且 stQuery 方法的查询内存消耗与 g^{st}-store 方法的查询内存消耗差别非常小。

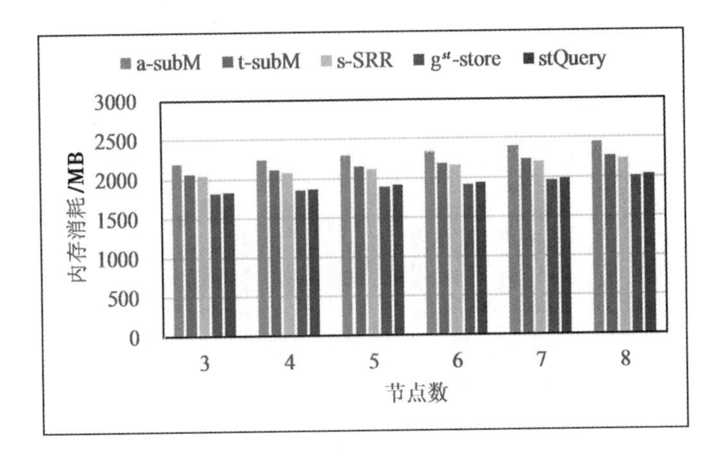

(a)线性结构

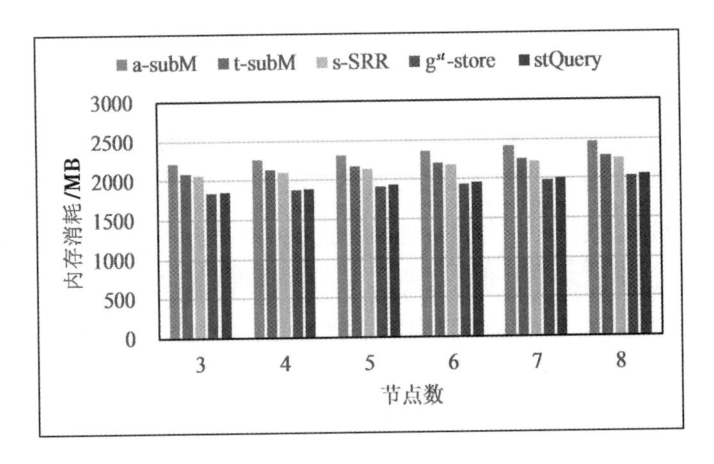

(b)树状结构

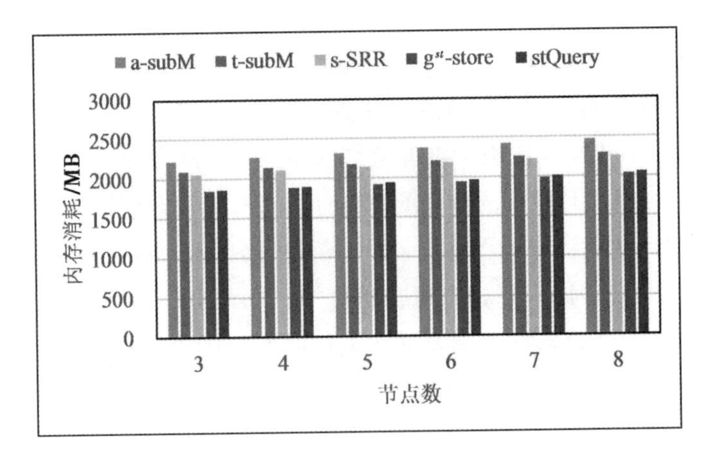

(c)星形结构

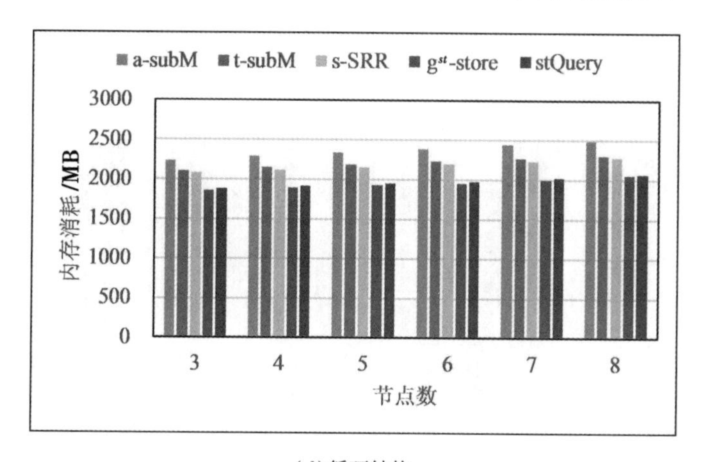

(d)循环结构

图 5.25　不同结构 Q7 的内存消耗比较

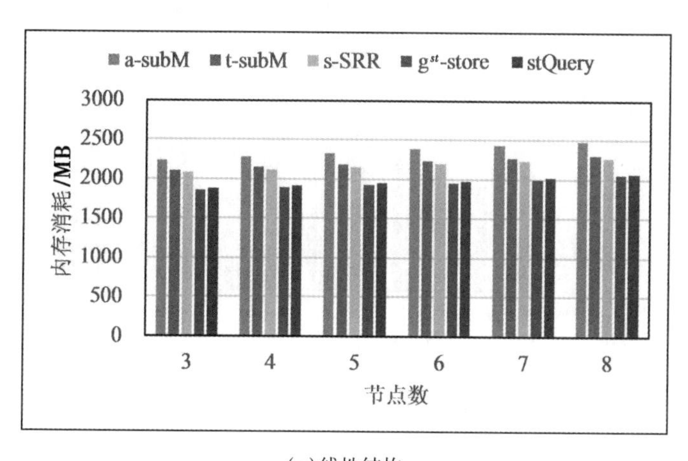

(a)线性结构

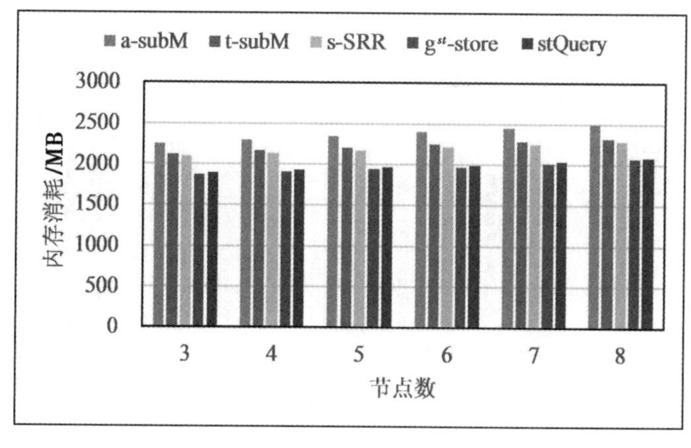

(b)树状结构

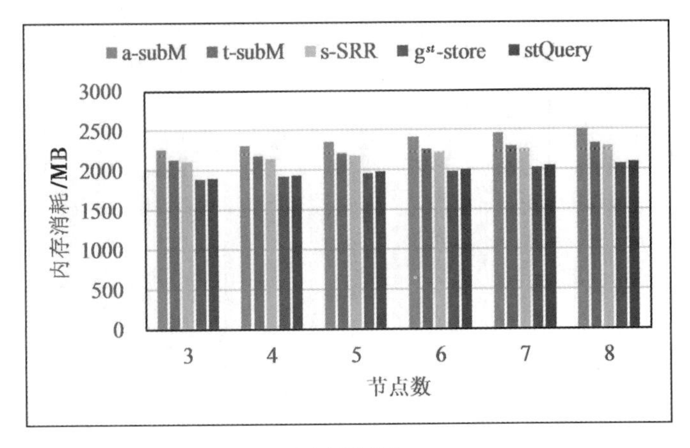

(c)星形结构

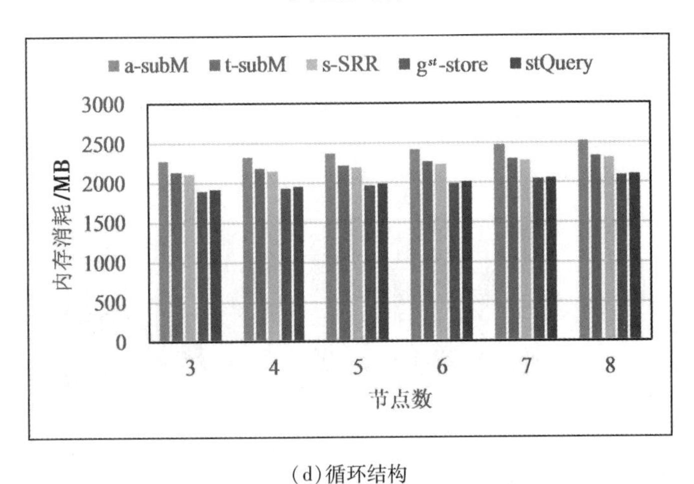

(d)循环结构

图 5.26　不同结构 Q8 的内存消耗比较

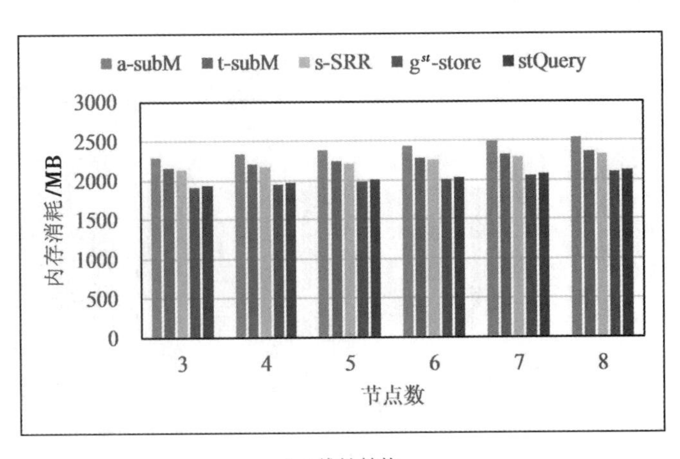

(a)线性结构

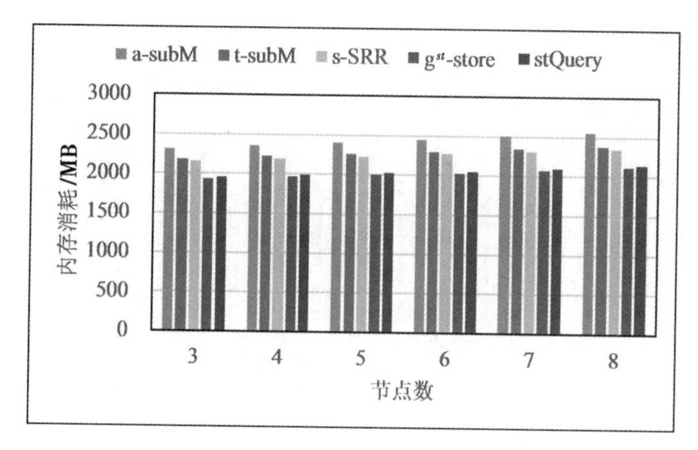

(b)树状结构

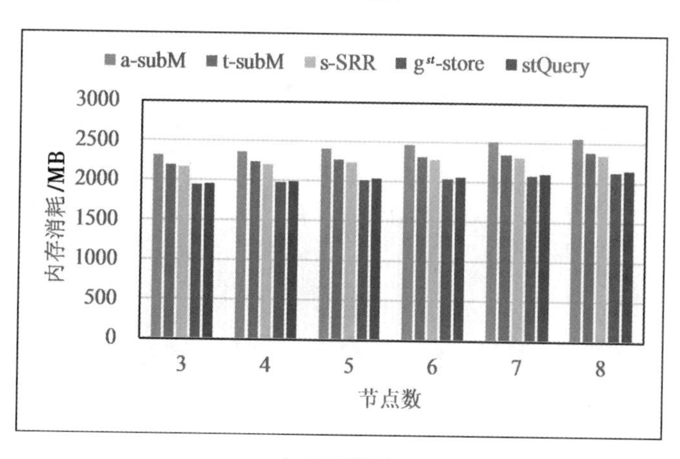

(c)星形结构

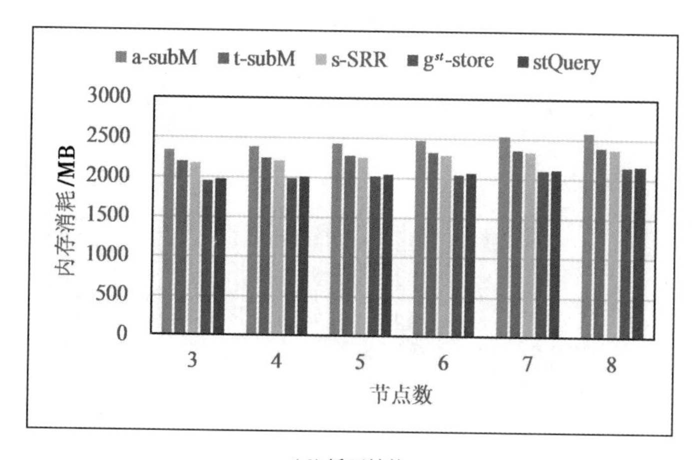

(d)循环结构

图 5.27　不同结构 Q9 的内存消耗比较

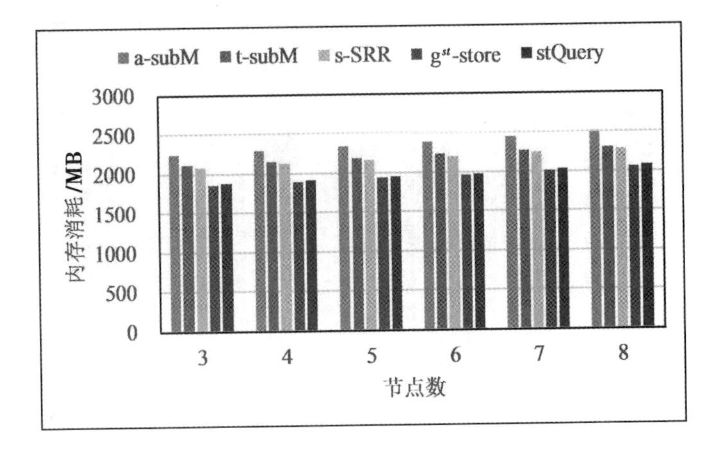

(a)线性结构

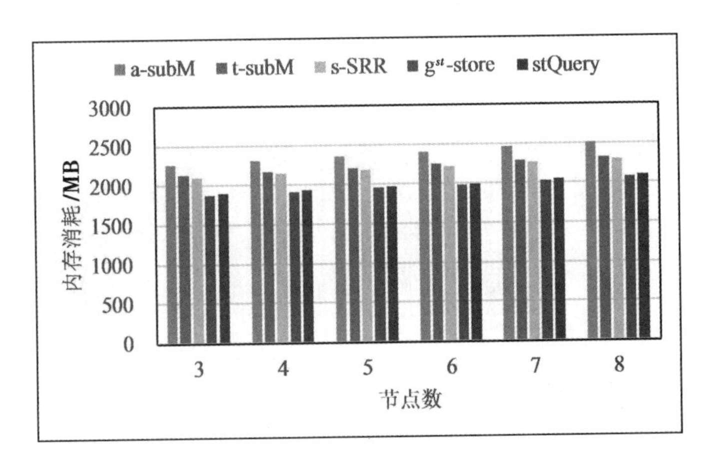

(b)树状结构

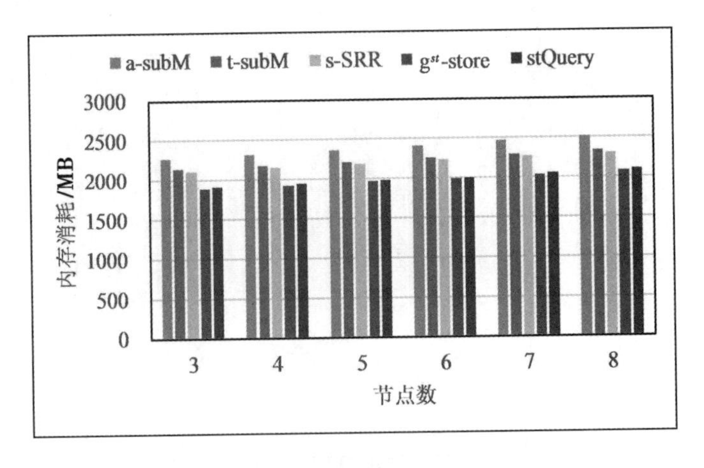

(c)星形结构

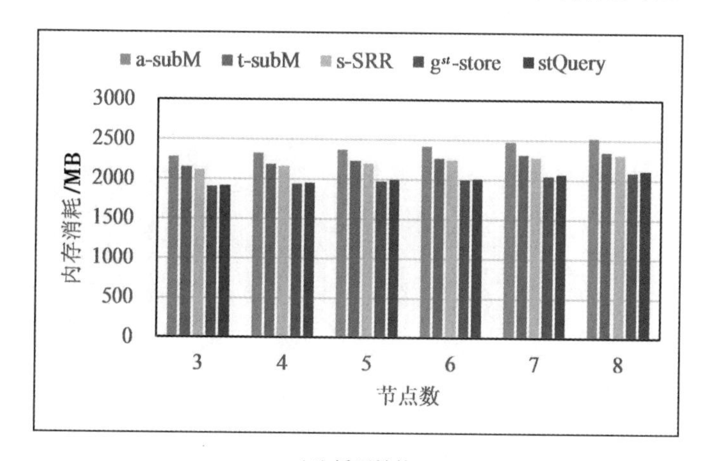

(d)循环结构

图 5.28 不同结构 Q10 的内存消耗比较

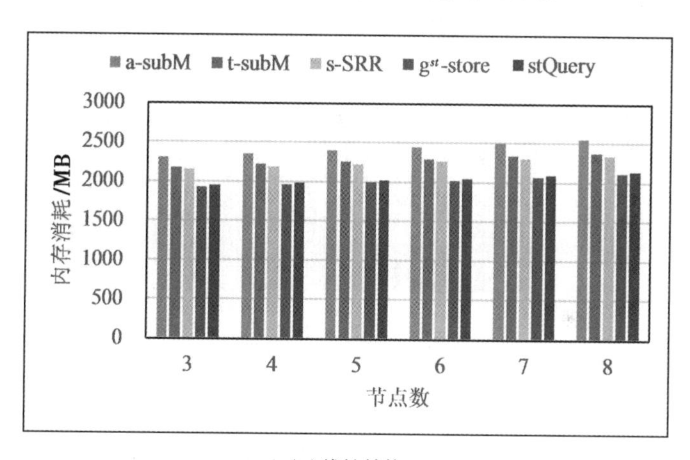

(a)线性结构

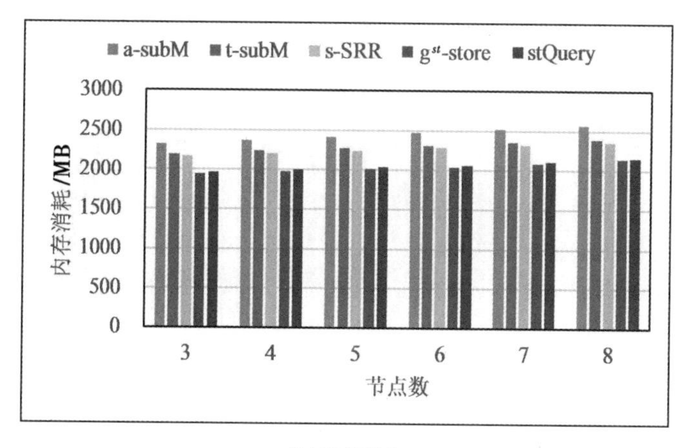

(b)树状结构

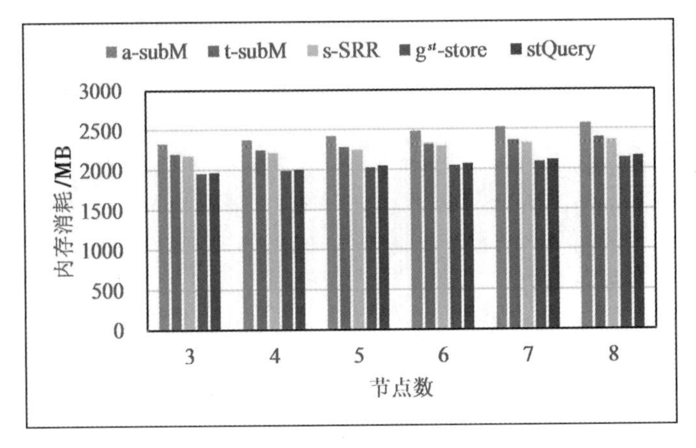

(c)星形结构

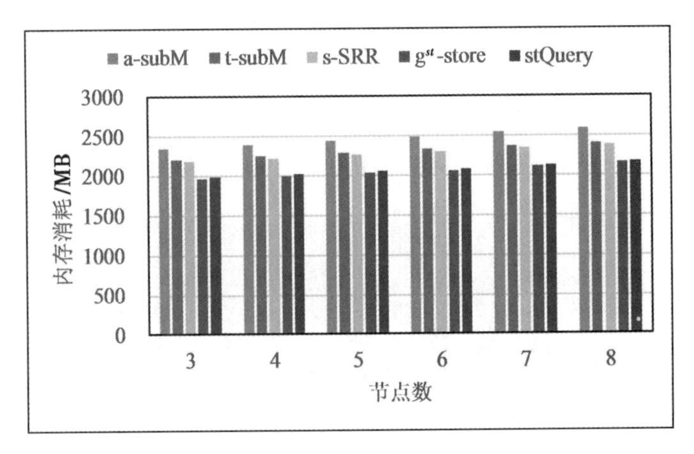

(d)循环结构

图 5.29　不同结构 Q11 的内存消耗比较

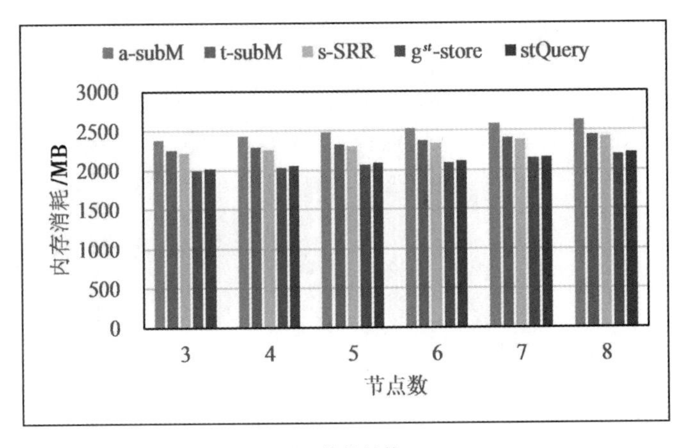

(a)线性结构

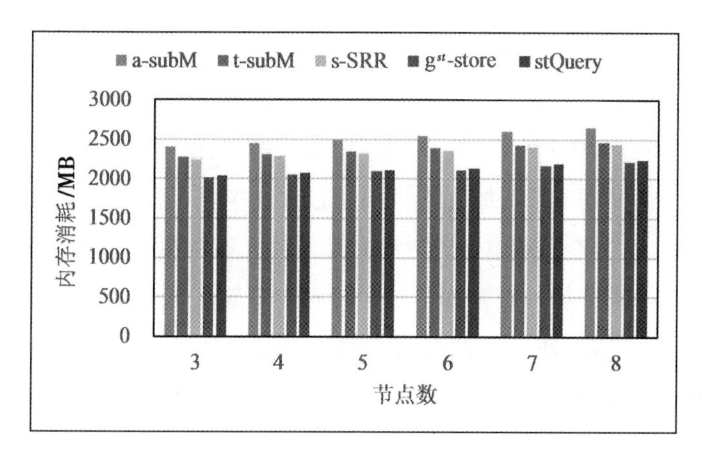

(b)树状结构

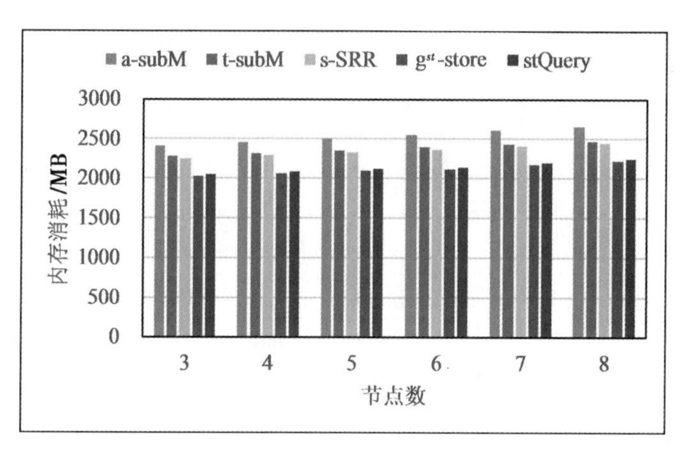

(c)星形结构

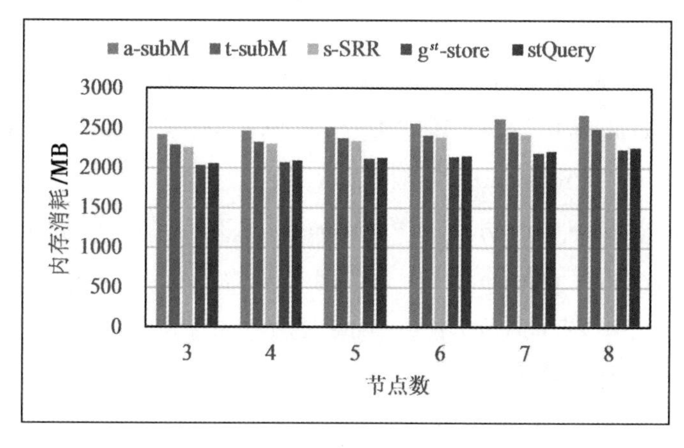

(d)循环结构

图 5.30 不同结构 Q12 的内存消耗比较

针对不同结构时空 RDF 数据的查询方法进行高效性实验。与有效性实验一样，由于时态属性包含时间点和时间区间 2 种情况，空间属性包含空间点、空间线以及空间区域 3 种情况，因此，根据文本属性、时间属性和空间属性可将查询图划分为 4 组：第一组为查询图中包含文本信息的情况，涉及的查询类型为 Q1；第二组为查询图中包含具有时态属性文本信息的情况，涉及的查询类型为 Q2 和 Q3；第三组为查询图中包含具有空间属性文本信息的情况，涉及的查询类型为 Q4，Q5，Q6；第四组为查询图中包含具有时空属性文本信息的情况，涉及的查询类型为 Q7，Q8，Q9，Q10，Q11，Q12。Recall，Precision 和 F-Score 指标被用来衡量有效性。Recall[如公式(5.1)所示]是查询到的相关三元组数量与相关三元组总数的比例，常用于评价查询结果的质量。Precision[如公式(5.2)所示]是查询到的相关三元组的数量与查询到的三元组总数的比例，常用于评价查询结果的准确性。F-Score[如公式(5.3)所示]是一个兼顾 Recall 和 Precision 的调和平均指标，常被用作查询结果的综合评估。

$$Precision=\frac{|\{relevant\ documents\}\cap\{retrieved\ documents\}|}{|\{retrieved\ documents\}|} \tag{5.1}$$

$$Recall=\frac{|\{relevant\ documents\}\cap\{retrieved\ documents\}|}{|\{relevant\ documents\}|} \tag{5.2}$$

$$F\text{-}Score=\left(\frac{recall^{-1}+precision^{-1}}{2}\right)^{-1}=2\cdot\frac{recall\cdot precision}{recall+precision} \tag{5.3}$$

如图 5.31 所示为查询图中包含文本信息的 Recall，Precision 和 F-Score 比较结果。图 5.31(a)中 Recall 比较结果显示：在线性结构、树状结构、星形结构以及循环结构中，stQuery 方法的 Recall 最高，a-subM 方法的 Recall 次之，s-SRR 方法的 Recall 居中，t-subM 方法的 Recall 较低，g^{st}-store 方法的 Recall 最低。图 5.31(b)中 Precision 比较结果显示：在线性结构、树状结构、星形结构以及循环结构中，stQuery 方法的 Precision 最高，g^{st}-store 方法的 Precision 次之，a-subM 方法的 Precision 居中，s-SRR 方法的 Precision 较低，t-subM 方法的 Precision 最低。图 5.31(c)中 F-Score 比较结果显示：在线性结构、树状结构、星形结构以及循环结构中，stQuery 方法的 F-Score 最高，a-subM 方法的 F-Score次之，s-SRR 方法的 F-Score 居中，g^{st}-store 方法的 F-Score 较低，t-subM方法的 F-Score 最低。综上，在第一组实验中，stQuery 方法在线性结构、树状结构、星形结构以及循环结构的查询图中都具有最好的综合性能。之所以产生这样的结果是因为此组查询图中仅包含文本信息，并没有包含时态信息或空间信息。因此，某些有针对性的查询方法的优势并没有很好地体现，而 stQuery 方法不仅考虑了时空属性，也考虑了一般属性。

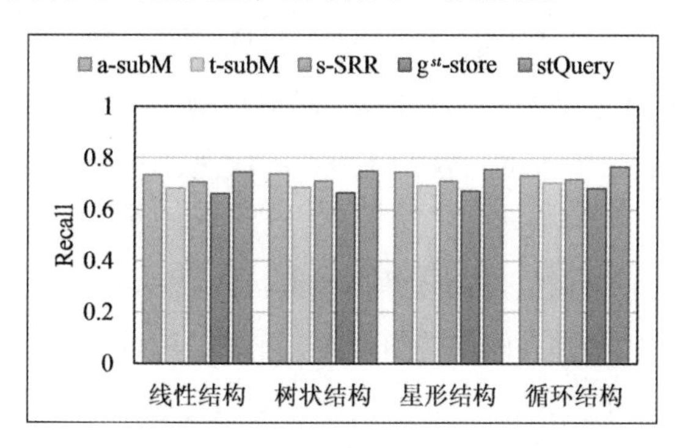

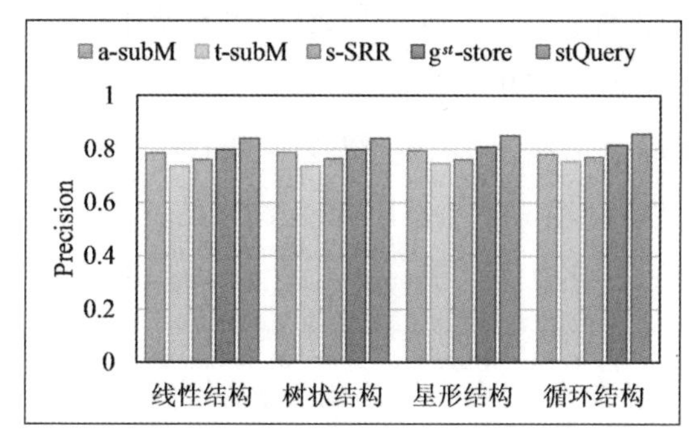

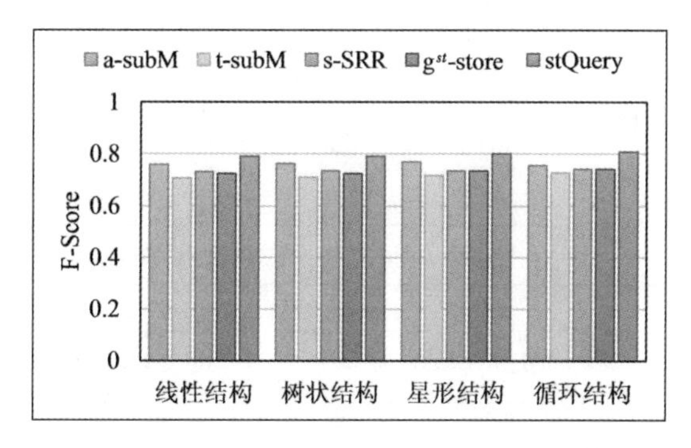

图 5.31　不同结构 Q1 的 Recall，Precision 和 F-Score 比较

如图 5.32 和图 5.33 所示为查询图中包含时态属性文本信息的 Recall，Precision 和 F-Score 比较结果。图 5.32 和图 5.33 中 Recall 比较结果显示：在线性结构、树状结构、星形结构以及循环结构中，stQuery 方法的 Recall 最高，g^{st}-store 方法的 Recall 次之，t-subM 方法的 Recall 居中，a-subM 方法的 Recall 较低，s-SRR 方法的 Recall 最低。图 5.32 和图 5.33 中 Precision 比较结果显示：在线性结构、树状结构、星形结构以及循环结构中，stQuery 方法的 Precision 最高，g^{st}-store 方法的 Precision 次之，t-subM 方法的 Precision 居中，s-SRR 方法的 Precision 较低，a-subM 方法的 Precision 最低。图 5.32 和图 5.33 中 F-Score 比较结果显示：在线性结构、树状结构、星形结构以及循环结构中，stQuery 方法的 F-Score 最高，g^{st}-store 方法的 F-Score 次之，t-subM 方法的 F-Score 居中，s-SRR 方法的 F-Score 较低，a-subM 方法的 F-Score 最低。Q3 中线性结构、树状结构、星形结构以及循环结构的 Recall，Precision 和 F-Score 相比 Q2 都略有降低，这是因为涉及时间区间的查询比涉及时间点的查询更为复杂。综上，在第二组实验中，无论是涉及时间点的 Q2 还是涉及时间区间的 Q3，stQuery 方法在线性结构、树状结构、星形结构以及循环结构的查询图中都具有最好的综合性能。之所以产生这样的结果是因为此组查询图中包含时态信息（时间点、时间区间）。因此，考虑到时态属性的 t-subM 方法、g^{st}-store 方法以及 stQuery 方法在线性结构、树状结构、星形结构以及循环结构查询图中的 Recall，Precision 和 F-Score 要优于 a-subM 方法和 s-SRR 方法。

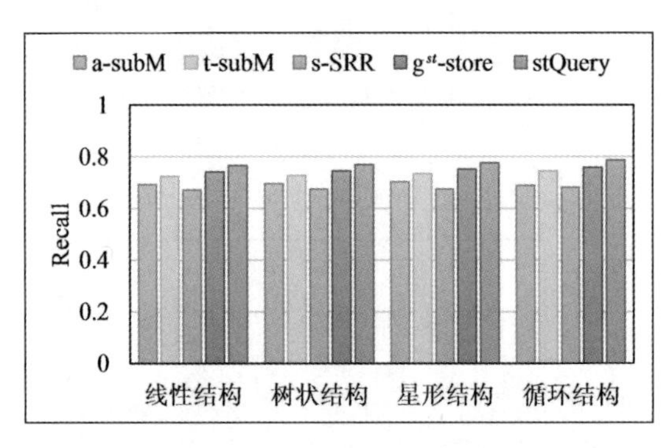

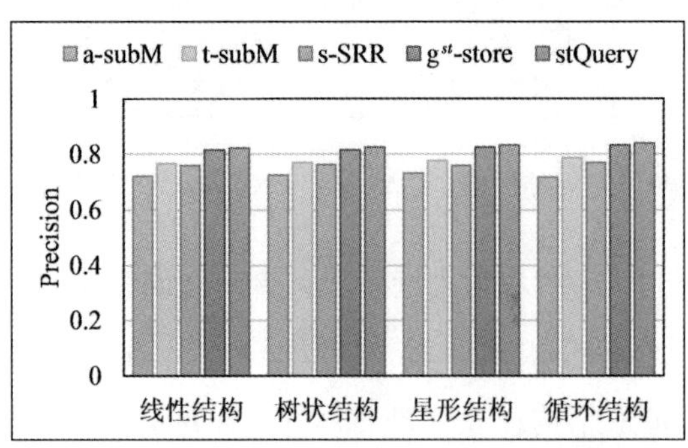

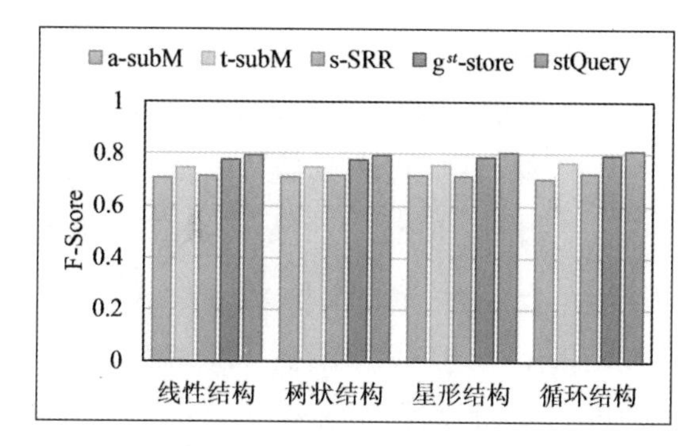

图 5.32 不同结构 Q2 的 Recall，Precision 和 F-Score 比较

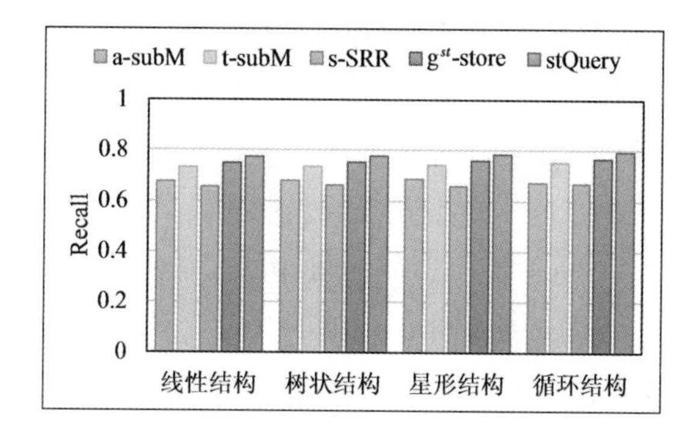

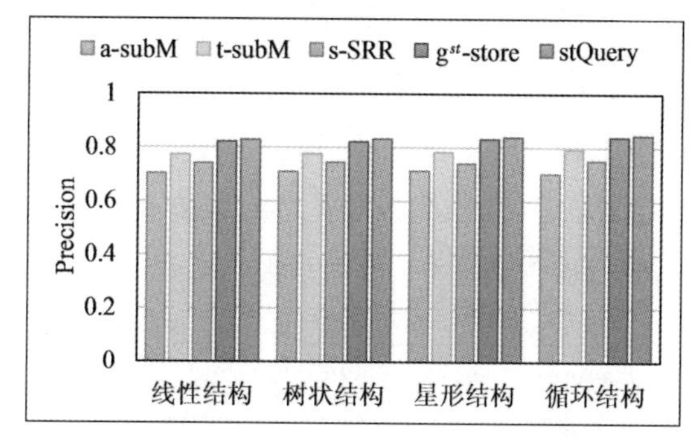

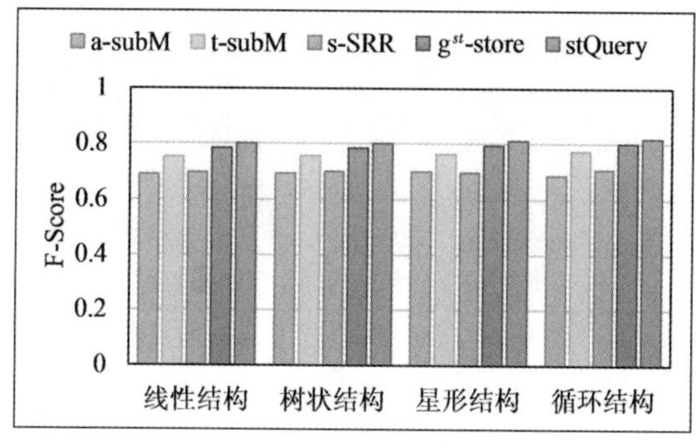

图 5.33 不同结构 Q3 的 Recall，Precision 和 F-Score 比较

如图 5.34、图 5.35 和图 5.36 所示为查询图中包含空间属性文本信息的 Recall, Precision 和 F-Score 比较结果。图 5.34、图 5.35 和图 5.36 中 Recall 比较结果显示：在线性结构、树状结构、星形结构以及循环结构中，stQuery 方法的 Recall 最高，g^{st}-store 方法的 Recall 次之，s-SRR 方法的 Recall 居中，a-subM 方法的 Recall 较低，t-subM 方法的 Recall 最低。图 5.34、图 5.35 和图 5.36 中 Precision 比较结果显示：在线性结构、树状结构、星形结构以及循环结构中，stQuery 方法的 Precision 最高，g^{st}-store 方法的 Precision 次之，s-SRR 方法的 Precision 居中，a-subM 方法的 Precision 较低，t-subM 方法的 Precision 最低。图 5.34、图 5.35 和图 5.36 中 F-Score 比较结果显示：在线性结构、树状结构、星形结构以及循环结构中，stQuery 方法的 F-Score 最高，g^{st}-store 方法的 F-Score 次之，s-SRR 方法的 F-Score 居中，a-subM 方法的 F-Score 较低，t-subM方法的 F-Score 最低。线性结构、树状结构、星形结构以及循环结构的 Recall, Precision 和 F-Score 在 Q4, Q5, Q6 中略有降低，这是因为涉及空间点、空间线、空间区域的查询复杂度略有升高。综上，在第三组实验中，无论是涉及空间点的 Q4、涉及空间线的 Q5 还是涉及空间区域的 Q6，stQuery 方法在线性结构、树状结构、星形结构以及循环结构的查询图中都具有最好的综合性能。之所以产生这样的结果是因为此组查询图中包含空间信息(空间点、空间线、空间区域)。因此，考虑到空间属性的 s-SRR 方法、g^{st}-store 方法和 stQuery 方法在线性结构、树状结构、星形结构以及循环结构查询图中的 Recall, Precision 和 F-Score 要优于 a-subM 方法和 t-subM 方法。

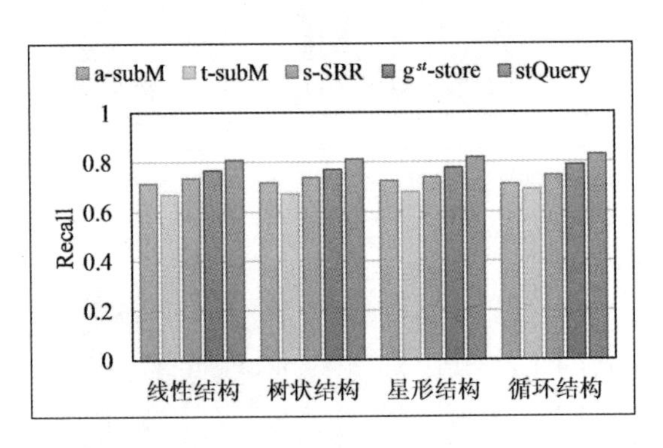

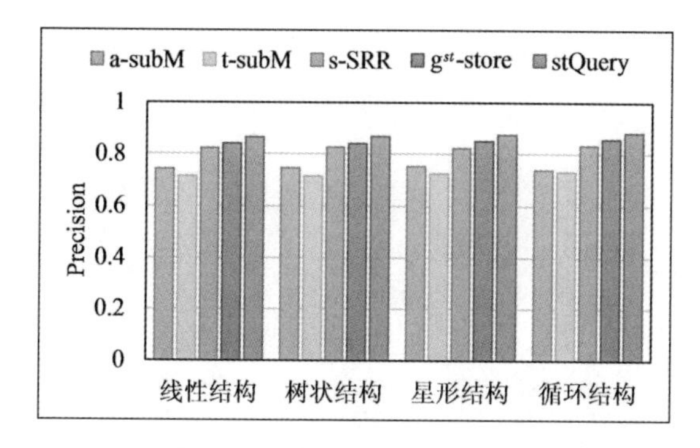

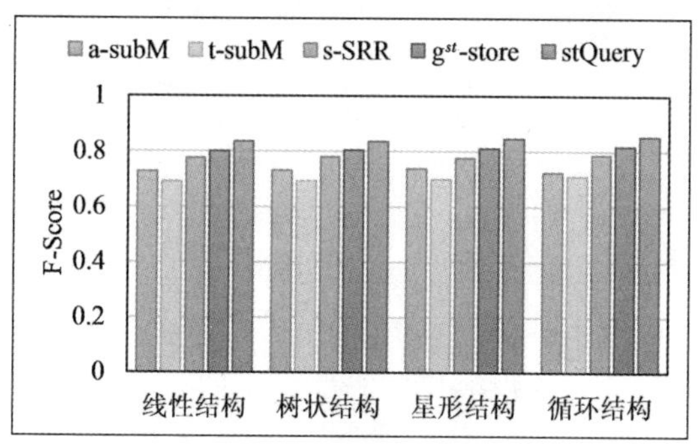

图 5.34 不同结构 Q4 的 Recall, Precision 和 F-Score 比较

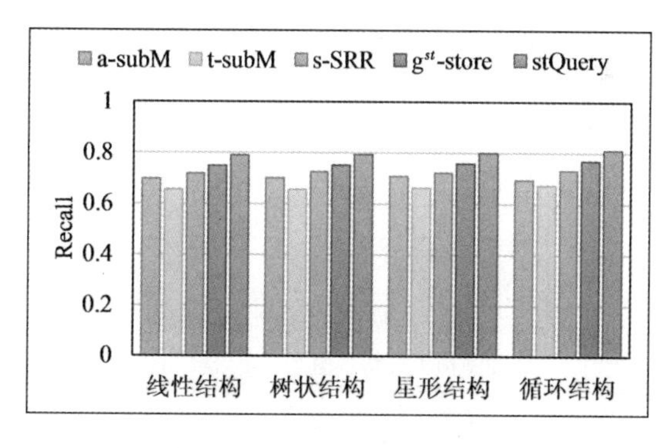

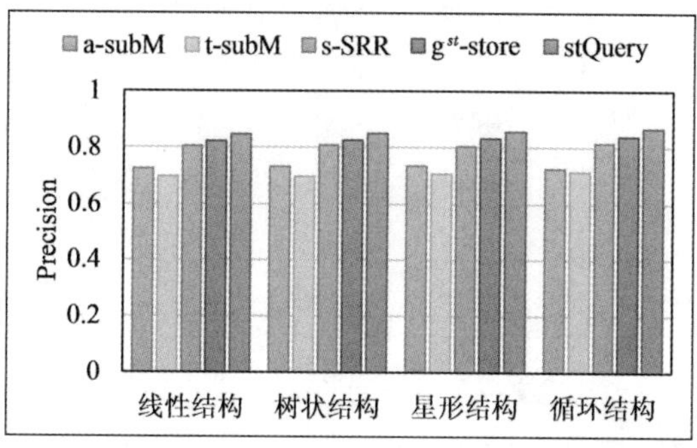

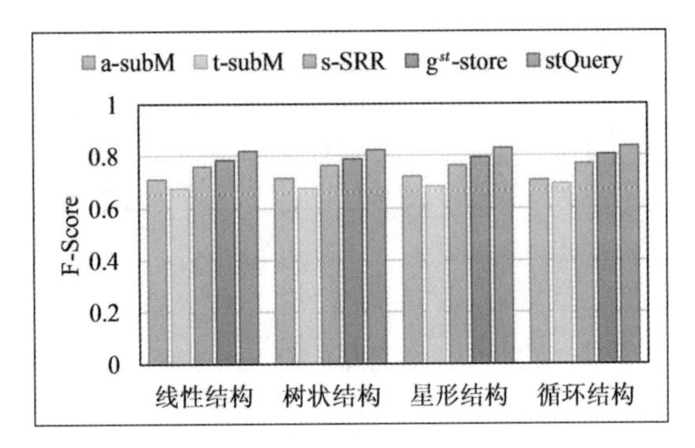

图 5.35 不同结构 Q5 的 **Recall**，**Precision** 和 **F-Score** 比较

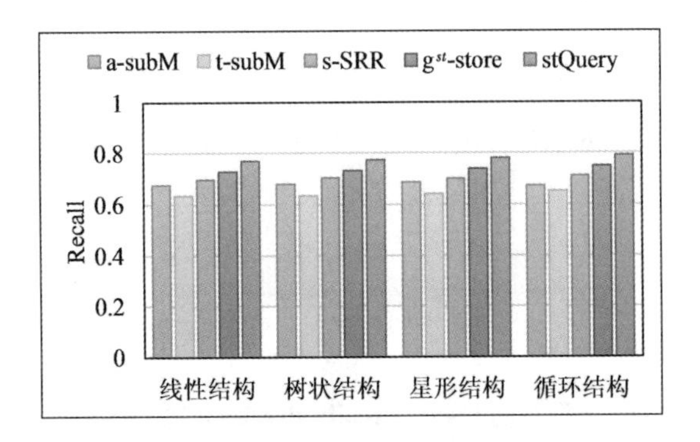

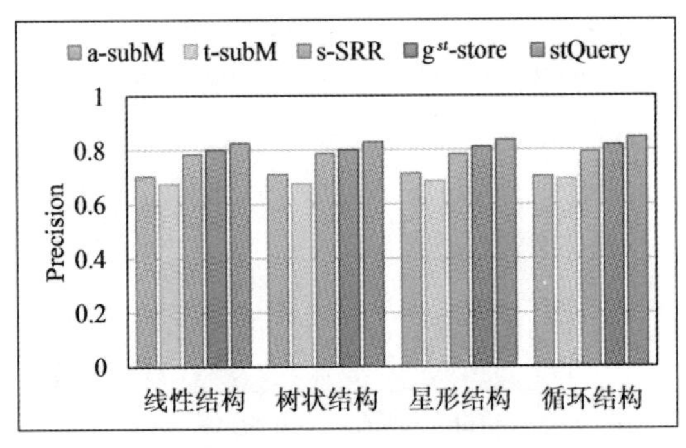

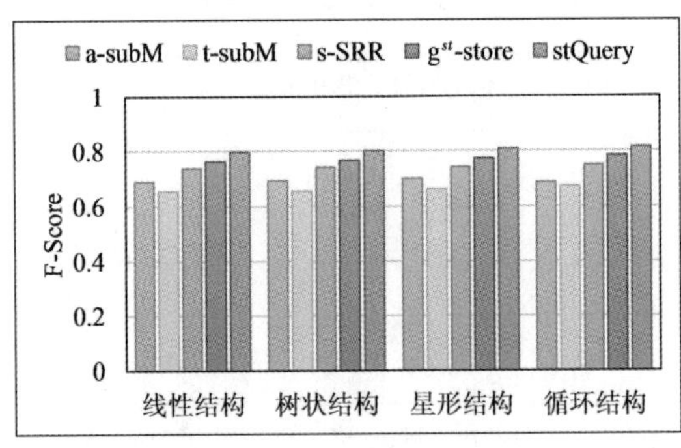

图 5.36 不同结构 Q6 的 **Recall**，**Precision** 和 **F-Score** 比较

如图 5.37 至图 5.42 所示为查询图中包含时空属性文本信息的 Recall，Precision 和 F-Score 比较结果。图 5.37 至图 5.42 中 Recall 比较结果显示：在线性结构、树状结构、星形结构以及循环结构中，stQuery 方法的 Recall 最高，g^{st}-store 方法的 Recall 次之，s-SRR 方法和 t-subM 方法的 Recall 相差不大且有高有低，a-subM 方法的 Recall 最低。图 5.37 至图 5.42 中 Precision 比较结果显示：在线性结构、树状结构、星形结构以及循环结构中，stQuery 方法的 Precision 最高，g^{st}-store 方法的 Precision 次之，s-SRR 方法和 t-subM 方法的 Precision 相差不大且有高有低，a-subM 方法的 Precision 最低。图 5.37 至图 5.42 中 F-Score 比较结果显示：在线性结构、树状结构、星形结构以及循环结构中，stQuery 方法的 F-Score 最高，g^{st}-store 方法的 F-Score 次之，s-SRR 方法的 F-Score 居中，略高于 t-subM 方法的 F-Score，a-subM 方法的 F-Score 最低。线性结构、树状结构、星形结构以及循环结构的 Recall，Precision 和 F-Score 在 Q7，Q8，Q9，Q10，Q11，Q12 中略有降低，这是因为 Q7，Q8，Q9，Q10，Q11，Q12 的查询复杂度略有升高。综上，在第四组实验中，无论是涉及时间点和空间点的 Q7、涉及时间点和空间线的 Q8、涉及时间点和空间区域的 Q9、涉及时间区间和空间点的 Q10、涉及时间区间和空间线的 Q11，还是涉及时间区间和空间区域的 Q12，stQuery 方法在线性结构、树状结构、星形结构以及循环结构的查询图中都具有最好的综合性能。之所以产生这样的结果是因为此组查询图中包含时空信息。因此，考虑到时空属性的 g^{st}-store 方法和 stQuery 方法在线性结构、树状结构、星形结构以及循环结构查询图中的 Recall，Precision 和 F-Score 要优于 a-subM 方法、t-subM 方法和 s-SRR 方法。

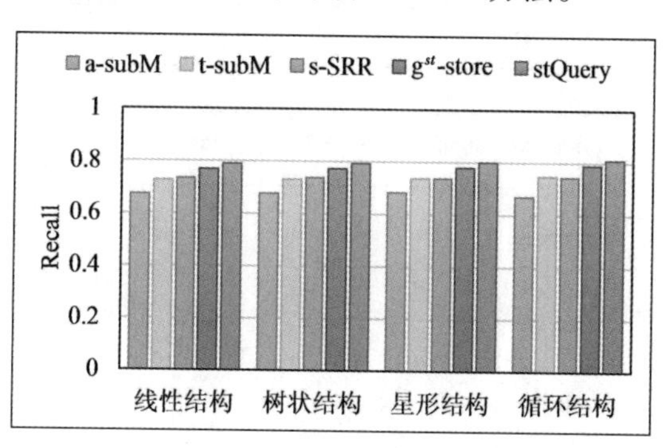

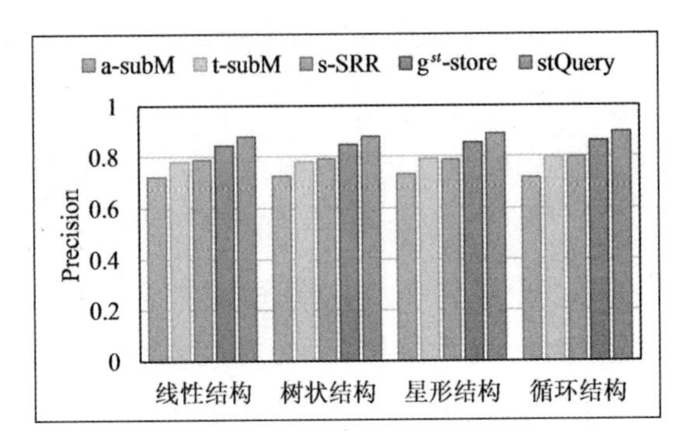

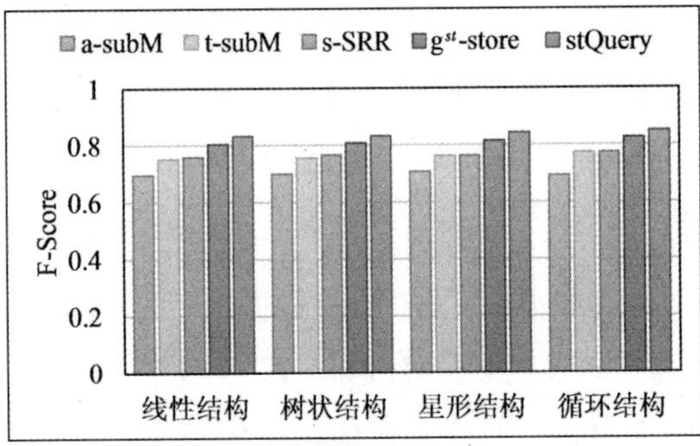

图 5.37　不同结构 Q7 的 Recall，Precision 和 F-Score 比较

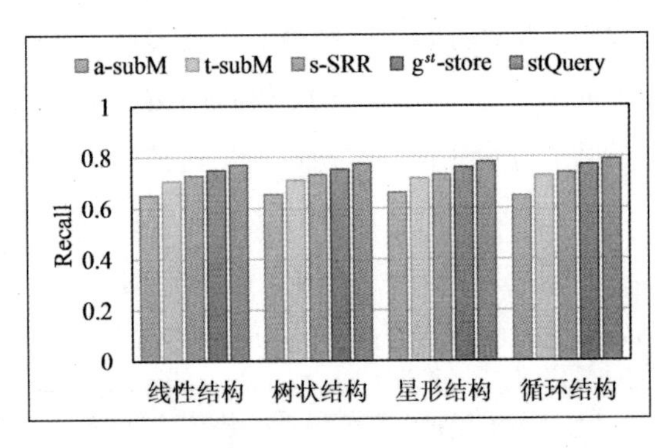

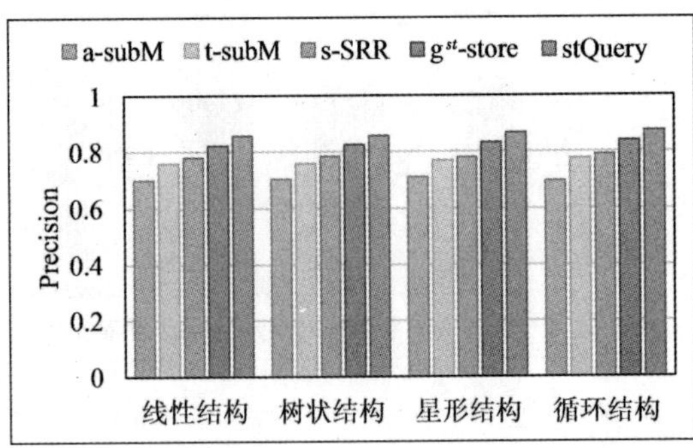

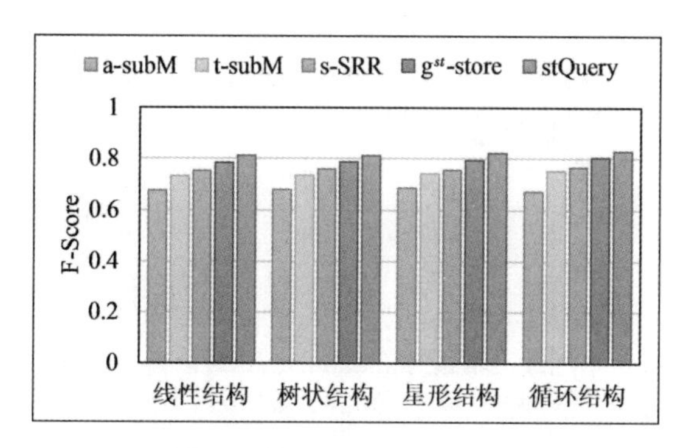

图 5.38　不同结构 Q8 的 Recall，Precision 和 F-Score 比较

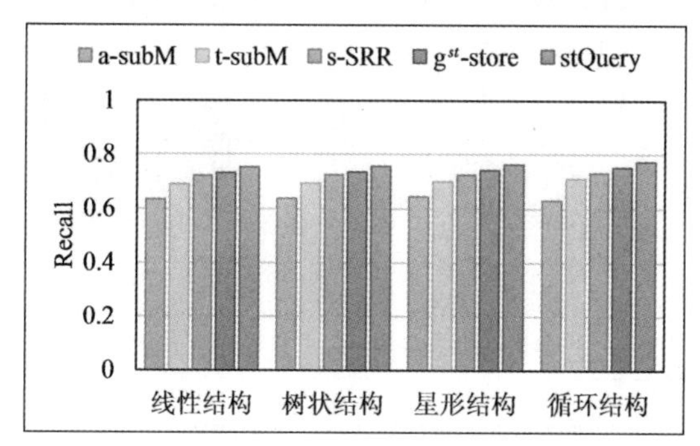

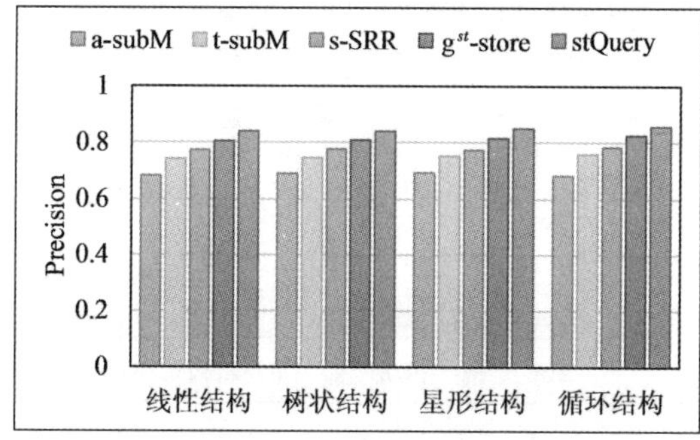

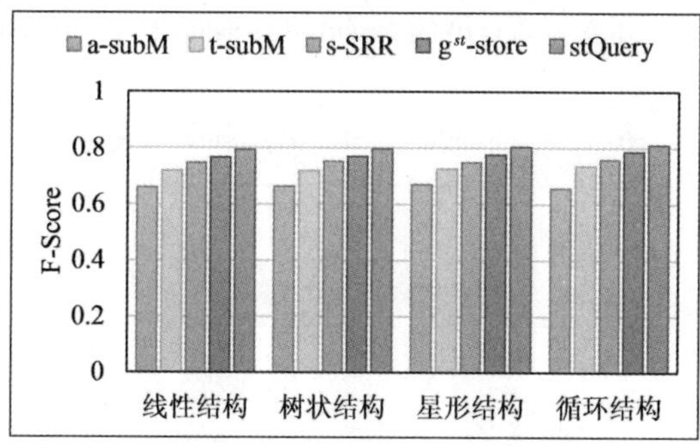

图 5.39　不同结构 Q9 的 Recall，Precision 和 F-Score 比较

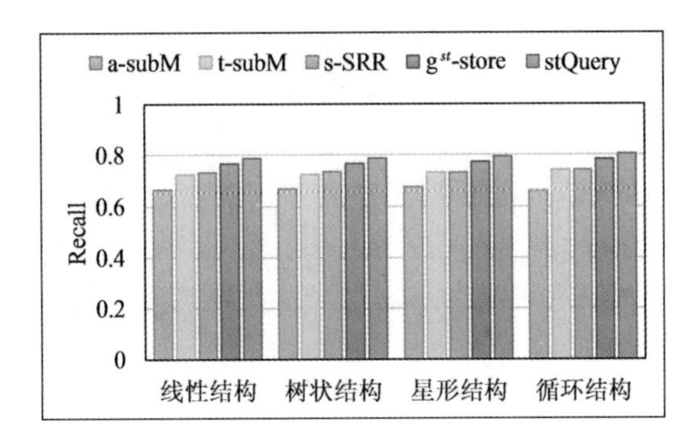

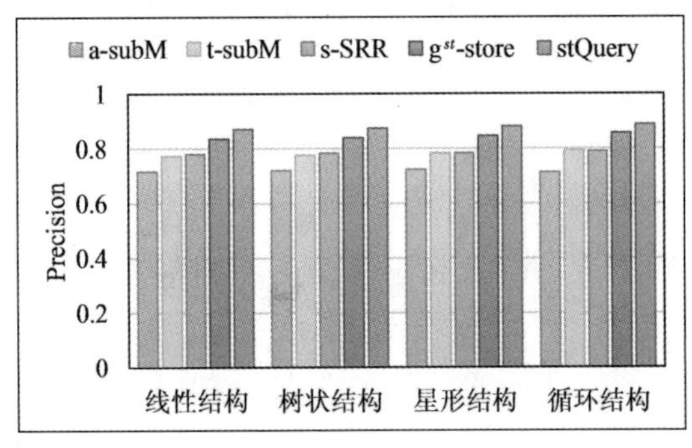

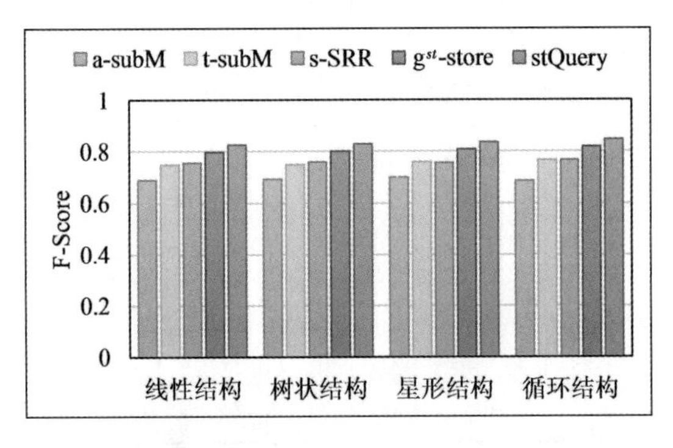

图 5.40　不同结构 Q10 的 Recall，Precision 和 F-Score 比较

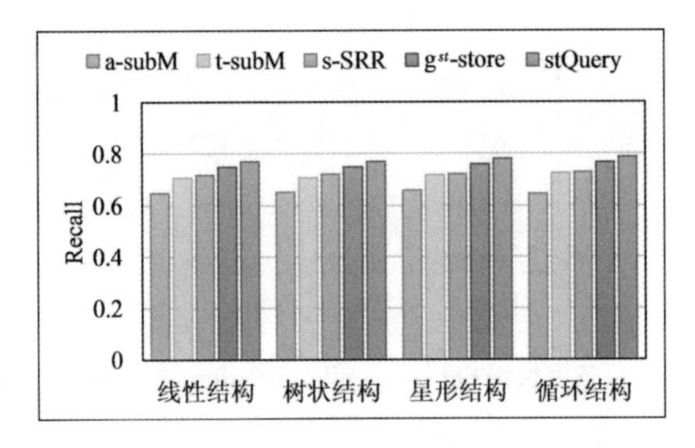

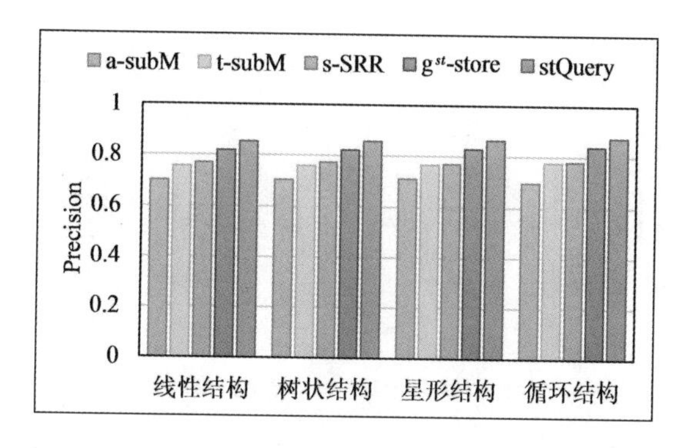

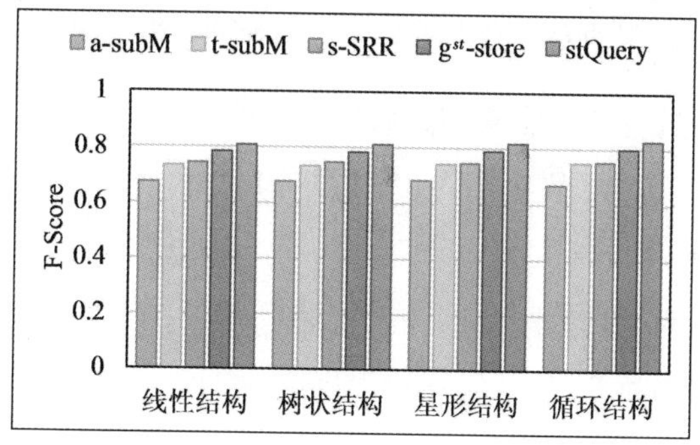

图 5.41 不同结构 Q11 的 Recall，Precision 和 F-Score 比较

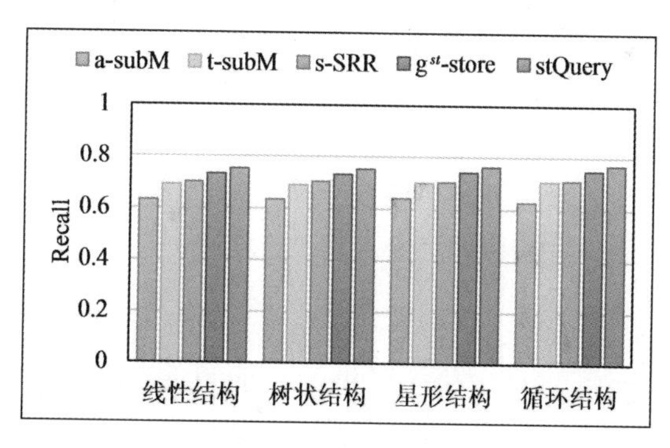

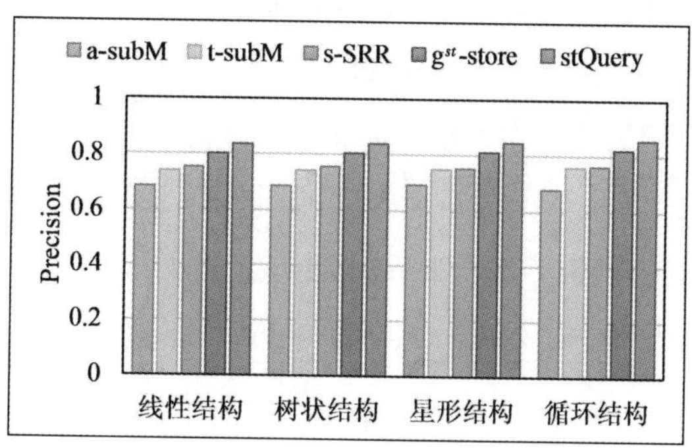

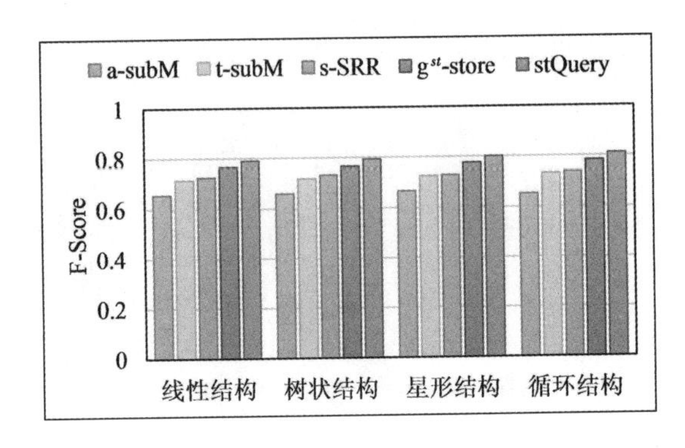

图 5.42　不同结构 Q12 的 Recall，Precision 和 F-Score 比较

总体来讲，通过有效性实验和高效性实验的对比结果可知：① 本章提出的 stQuery 方法在线性结构、树状结构、星形结构以及循环结构查询图的查询响应时间方面优于 a-subM 方法、t-subM 方法、s-SRR 方法和 g^{st}-store 方法；② 本章提出的 stQuery 方法在线性结构、树状结构、星形结构以及循环结构查询图的查询内存消耗方面性能居中；③ 本章提出的 stQuery 方法在线性结构、树状结构、星形结构以及循环结构查询图的 Recall，Precision 和 F-Score 方面优于 a-subM 方法、t-subM 方法、s-SRR 方法和 g^{st}-store 方法。以上结果表明，本章提出的基于子图同构的时空 RDF 数据查询方法在包含时空属性文本信息的 RDF 数据查询方面具有明显优势，而且查询结果可靠性高。

5.6　本章小结

本章基于子图同构提出一个时空 RDF 数据的查询方法。首先研究了时空 RDF 数据的匹配：通过时间交操作、时间并操作和时间跨度研究了时空 RDF 数据中时间区间的匹配，通过空间交操作、空间并操作和空间跨度研究了时空 RDF 数据中空间区间的匹配。其次，定义查询候选域，并提出了匹配顺序的计算方法。在此基础上，定义了时空 RDF 数据中的子图同构，并基于子图同构提出了时空 RDF 数据的查询方法。最后，通过实验测试与分析说明了所提查询方法的有效性和高效性。

6 结论、创新点及展望

6.1 结 论

时空数据通常具有复杂的数据类型和多样的表现形式，不仅动态更新变化快，还具有丰富的时空语义。时空数据库的目的是建模和查询时空数据，因此，时空数据模型及查询成为地理信息系统领域备受关注的研究热点。随着Web2.0技术的广泛使用，大规模RDF数据出现，作为Web数据表示和交换的标准，本书基于RDF研究时空数据模型及查询方法，通过与现有相关方法进行对比和分析,作了以下研究。

(1)提出的时空数据概念模型支持时空等价类关系和时空子类关系，并且能够表示时空OWL逻辑类，包括时空不相交类、时空交集类和时空并集类。

(2)基于RDF提出的时空数据模型定义了线性结构、树状结构、星形结构和循环结构，能够描述stRDFS中的主要类，包括时空域中的空间类、时空域中的时间类和时空域中的时空类，该模型还可以进行并操作、交操作、差操作、笛卡儿积操作和筛选操作。通过实例表明所提模型的正确性，通过Gephi验证了所提时空RDF数据模型拓扑关系确定方法的实用性。

(3)研究了时空RDF数据的匹配，定义了查询候选域并提出了匹配顺序的计算方法。此外，定义了时空RDF数据中的子图同构，并基于子图同构提出了时空RDF数据的查询方法。实验结果表明：在查询响应时间方面，所提方法的查询响应时间在线性结构、树状结构、星形结构和循环结构中最短；在内存消耗方面，所提方法的内存消耗在线性结构、树状结构、星形结构和循环结构中较小；在Recall，Precision和F-Score方面，所提方法的性能最优。

6.2 创新点

本书的创新点主要体现在基于OWL提出了时空数据概念模型、基于RDF提出了时空数据模型以及基于子图同构提出了时空RDF数据的查询方法，具体包括以下几方面。

(1)在时空数据概念模型方面，从基于OWL的时空数据形式化表示入手，对时空OWL公理类进行研究，包括时空等价类关系和时空子类关系。在此基础上，研究时空OWL逻辑类，包括时空不相交类、时空交集类和时空并集类。时空数据的概念模型是时空数据模型建立的基础，更是时空数据查询方法的基础。

(2)首先，提出了一个基于RDF的时空数据模型，包括stRDFS数据模型的表示方法、时空RDF数据图、时空RDF查询图等。其次，定义了时空RDF数据图的4种结构，包括线性结构、树状结构、星形结构和循环结构。在此基础上，研究了stRDFS中的主要类，并对它们进行描述，包括时空域中的空间类和描述、时空域中的时间类和描述以及时空域中的时空类和时空描述。再次，研究了五种类型的stRDFS图代数，包括并操作、交操作、差操作、笛卡儿积操作和筛选操作。之后，通过一个实例验证所提模型的正确性。最后，研究了时空RDF数据的拓扑关系，并利用Gephi验证了所提时空RDF数据模型拓扑关系确定方法的实用性。

(3)在基于RDF的时空数据模型的基础上，基于子图同构提出了时空RDF数据的查询方法。首先，研究了时空RDF数据的匹配：通过时间交操作、时间并操作和时间跨度研究了时空RDF数据中时间区间的匹配，通过空间交操作、空间并操作和空间跨度研究了时空RDF数据中空间区间的匹配。其次，定义查询候选域，并提出了匹配顺序的计算方法。在此基础上，定义了时空RDF数据中的子图同构，并基于子图同构提出了时空RDF数据的查询方法。最后，通过实验测试与分析说明了所提查询方法的有效性和高效性。

综上，本书基于RDF提出的时空数据模型和查询方法，将丰富和发展时空数据相关研究的现有技术方法，促进时空数据的应用在技术和实现等方面的发展，具有重要的现实意义。

6.3 展 望

以本书的研究工作为基础，未来的相关研究工作将在以下几个方面作进一步拓展和深入研究。

(1)本书基于 RDF 提出的时空数据模型没有考虑到由离散变化操作和连续变化操作引起的不一致性问题，因此，可以进一步研究基于 RDF 的时空数据约束模型以及相应的不一致性修复方法。

(2)本书基于 RDF 提出的时空数据模型仅支持基本的拓扑关系，时空对象间随时间变化的复杂拓扑关系还有待进一步研究。此外，基于 RDF 的时空数据模型采用逆时针有向三角形近似表示时空区域，可进一步探究时空区域更为准确的表示方法。

(3)基于子图同构提出的时空 RDF 数据查询方法没有考虑因时空应用不同而不同的 I/O 消耗，未来的研究工作可将 I/O 消耗纳入考虑，对基于子图同构提出的时空 RDF 数据查询方法作进一步优化。

(4)基于子图同构提出的时空 RDF 数据查询方法仅讨论了 12 种查询类型，复合查询(例如 AND，OR，NOT)还有待进一步研究。

参考文献

[1] 郝忠孝.时空数据库新理论[M].北京：科学出版社，2011.

[2] LIU C，WU C，SHAO H，et al.SmartCube：an adaptive data management architecture for the real-time visualization of spatiotemporal datasets[J].IEEE transactions on visualization and computer graphics，2020，26(1)：790-799.

[3] ZHAO L，JIN P，ZHANG X，et al.STOC：extending oracle to support spatiotemporal data management[C]//Proceedings of Asia-Pacific Web Conference on Web Technologies and Applications，2011：393-397.

[4] NI Y Q，ASCE M，LIN K C，et al.Visualized spatiotemporal data management system for lifecycle health monitoring of large-scale structures[J].Journal of aerospace engineering，2017，30(2)：B4016007.

[5] WANG X Y，ZHOU X F，LU S L.Spatiotemporal data modelling and management：a survey[C]//Proceedings of the 36th International Conference on Technology of Object-Oriented Languages and Systems，2000：202-211.

[6] 陈芳淼，黄慧萍，贾坤.时空大数据在城市群建设与管理中的应用研究进展[J].地球信息科学学报，2020，22(6)：1307-1319.

[7] ÖZSU M T.A survey of RDF data management systems[J].Frontiers of computer science，2016，10(3)：418-432.

[8] ZOU L，ÖZSU M T.Graph-based RDF data management[J].Data science and engineering，2017，2(1)：56-70.

[9] ZHANG F，LI Z Y，PENG D H，et al.RDF for temporal data management-a survey[J].Earth science informatics，2021，14(2)：563-599.

[10] SCHMIDT M，HORNUNG T，KÜCHLIN N，et al.An experimental comparison of RDF data management approaches in a SPARQL benchmark scenario[C]//Proceedings of the 7th International Semantic Web Conference，

2008：82-97.

[11] BUGIOTTI F, GOASDOUÉ F, KAOUDI Z, et al.RDF data management in the Amazon cloud[C]//Proceedings of the 2012 Joint EDBT/ICDT Workshops, 2012：61-72.

[12] TOMÁŠA K, PETERC H, JAKUBA K.UnifiedViews：an ETL tool for RDF data management[J].Semantic web, 2018, 9(5)：1-16.

[13] ALBAHLI S, MELTON A.RDF data management：a survey of RDBMS-based approaches[C]//Proceedings of the 6th International Conference on Web Intelligence, Mining and Semantics, 2016：1-4.

[14] 邹磊，彭鹏.分布式RDF数据管理综述[J].计算机研究与发展，2017，54(6)：1213-1224.

[15] LANDOLFI G, BAMI A, LZZO G, et al.An ontology based semantic data model supporting a maas digital platform[C]//Proceedings of the 2018 International Conference on Intelligent Systems, 2018：896-904.

[16] ALJALBOUT S, BUCHS D, FALQUET G.Introducing contextual reasoning to the semantic web with OWL^{C}[J].Lecture notes in computer science, 2019, 11530：13-26.

[17] LIAO C H, WU Y F, KING G H.Research on learning OWL ontology from relational database[J].Journal of physics, 2019, 1176(2)：1-8.

[18] GHORBEL F, MÉTAIS E, HAMDI F.A crisp-based approach for representing and reasoning on imprecise time intervals in OWL 2[C]//Proceedings of the 18th International Conference on Intelligent Systems Design and Applications, 2018：640-649.

[19] GHORBEL F, HAMDI F, MÉTAIS E, et al.Ontology-based representation and reasoning about precise and imprecise temporal data：a fuzzy-based view[J].Data & knowledge engineering, 2019, 124(C)：101719.

[20] ACHICH N, GHORBEL F, HAMDI F, et al.Approach to reasoning about uncertain temporal data in OWL 2[J].Procedia computer science, 2020, 176：1141-1150.

[21] ACHICH N, GHORBEL F, HAMDI F, et al.Certain and uncertain temporal data representation and reasoning in OWL 2[J].International journal on

semantic web and information systems, 2021, 17(3): 51-72.

[22] ACHICH N, GHORBEL F, GARGOURI B, et al.Handling temporal data imperfections in OWL 2-application to collective memory data entries[C]//Proceedings of the 16th International Conference on Research Challenges in Information Science, 2022: 617-625.

[23] BRAHMIA Z, GRANDI F, BOUAZIZ R.τJOWL: a systematic approach to build and evolve a temporal OWL 2 ontology based on temporal JSON big data[J].Big data mining and analytics, 2022, 5(4): 271-281.

[24] 魏斌, 刘迎.基于OWL-S的地理空间信息服务描述与发现[J].信息与电子工程, 2011, 9(2): 248-253.

[25] PUEBLA-MARTÍNEZ M E, PEREA-ORTEGA J M, SIMÓN-CUEVAS A, et al.Automatic expansion of spatial ontologies for geographic information retrieval[J].Information processing and management of uncertainty in knowledge-based systems.Theory and Foundations, 2018, 854: 659-670.

[26] JETLUND K, HUANG L, ONSTEIN E.Adapted rules for UML modelling of geospatial information for model-driven implementation as OWL ontologies[J].ISPRS international journal of geo-information, 2019, 8(9): 26.

[27] 成波, 关雪峰, 向隆刚, 等.一种面向时空对象及其关联关系动态变化表达的概念数据模型[J].地球信息科学学报, 2017, 19(11): 1415-1421.

[28] GILLES-ANTOINE N, MURIEL V R, ROLAND B.Spatio-temporal reasoning in CIDOC CRM: an hybrid ontology with GeoSPARQL and OWL-Time[C]//Proceedings of the 2nd Workshop on Computing Techniques for Spatio-Temporal Data in Archaeology and Cultural Heritage, 2018: 37-50.

[29] CHEN J H, GE X T, LI W C, et al.Construction of spatiotemporal knowledge graph for emergency decision making[C]//Proceedings of the 2021 IEEE International Geoscience and Remote Sensing Symposium, 2021: 3920-3923.

[30] MENG X F, ZHU L, WANG Y, et al.A general characterization of representing spatiotemporal data and determining topological relations based on OWL[J].Earth science informatics, 2022, 15(1): 413-438.

[31] CHOI M Y, MOON C J, BAIK D K, et al.Interoperability between a rela-

tional data model and an RDF data model[C]//Proceedings of the 6th International Conference on Networked Computing and Advanced Information Management, 2010: 335-340.

[32] BONSTROM V, HINZE A, SCHWEPPE H.Storing RDF as a graph[C]//Proceedings of the IEEE/LEOS 3rd International Conference on Numerical Simulation of Semiconductor Optoelectronic Devices, 2003: 27-36.

[33] 肖佳，肖诗斌，王洪俊.海量 RDF 数据存储查询研究[J].北京信息科技大学学报(自然科学版)，2017，32(3)：63-69.

[34] RAMANUJAM S, GUPTA A, KHAN L, et al.Relationalization of provenance data in complex RDF reification nodes[J].Electronic commerce research, 2010, 10(3/4): 389-421.

[35] BANANE M, BELANGOUR A, HOUSSINE L E.Storing RDF data into big data NoSQL databases[J].Lecture notes in real-time intelligent systems, 2019, 756: 69-78.

[36] COCHEZ M, RISTOSKI P, PONZETTO S P, et al.Biased graph walks for RDF graph embeddings[C]//Proceedings of the 7th International Conference on Web Intelligence, Mining and Semantics, 2017: 1-12.

[37] ALAOUI K.A categorization of RDF triplestores[C]//Proceedings of the 4th International Conference on Smart City Applications, 2019: 1-7.

[38] GUTIERREZ C, HURTADO C, VAISMAN A.Introducing time into RDF [J].IEEE transactions on knowledge and data engineering, 2007, 19(2): 207-218.

[39] PUGLIESE A, UDREA O, SUBRAHMANIAN V S.Scaling RDF with time[C]//Proceedings of the 17th International Conference on World Wide Web, 2008: 605-614.

[40] WANG H T, TANSEL A U.Temporal extensions to RDF[J].Journal of web engineering, 2019, 18(1/2/3): 125-168.

[41] ZHANG F, WANG K, LI Z Y, et al.Temporal data representation and querying based on RDF[J].IEEE access, 2019, 7: 85000-85023.

[42] 陈圆圆，严丽，章哲庆，等.基于邻域结构的时态 RDF 模型及索引方法[J].计算机科学，2021，48(10)：167-176.

[43] 韩啸，章哲庆，严丽.基于关系数据库的时态 RDF 建模[J].计算机科学，2022，49(11)：90-97.

[44] HURTADO C，VAISMAN A.Reasoning with temporal constraints in RDF[C]//Proceedings of the 4th International Workshop on Principles and Practice of Semantic Web Reasoning，2006：164-178.

[45] KYZIRAKOS K，SAVVA D，VLACHOPOULOS L，et al.GeoTriples：transforming geospatial data into RDF graphs using R2RML and RML mappings[J].Journal of web semantics，2018，52-53(1)：16-32.

[46] LIAGOURIS I，MAMOULIS N，BOUROS P，et al.An effective encoding scheme for spatial RDF data[J].Proceedings of the VLDB endowment，2014，7(12)：1271-1282.

[47] THEOCHARIDIS K，LIAGOURIS J，MAMOULIS N，et al.SRX：efficient management of spatial RDF data[J].The VLDB journal，2019，28(5)：703-733.

[48] WANG D，ZOU L，FENG Y S，et al.S-store：an engine for large RDF graph integrating spatial information[C]//Proceedings of the 18th International Conference on Database Systems for Advanced Applications，2013：31-47.

[49] BRINK L V D，JANSSEN P，QUAK W，et al.Linking spatial data：automated conversion of geo-information models and GML data to RDF[J].International journal of spatial data infrastructures research，2014，9：59-85.

[50] ZHU L，LI N，BAI L Y.Algebraic operations on spatiotemporal data based on RDF[J].ISPRS international journal of geo-information，2020，9(2)：80.

[51] WANG D，ZOU L，ZHAO D Y.g^{st}-Store：an engine for large RDF graph integrating spatiotemporal information[C]//Proceedings of the 17th EDBT/ICDT，2014：652-655.

[52] BAI L Y，LI N，BAI H L.An integration approach of multi-source heterogeneous fuzzy spatiotemporal data based on RDF[J].Journal of intelligent & fuzzy systems，2021，40(1)：1065-1082.

[53] WANG J，DI X，LIU J，et al. A constraint framework for uncertain spatio-

temporal data in RDF graphs[C]//Proceedings of the 15th International Conference on Natural Computation, Fuzzy Systems and Knowledge Discovery, 2019: 727-735.

[54] BAI L Y, WANG J Y, DI X F, et al.Fixing the inconsistencies in fuzzy spatiotemporal RDF graph[J].Information sciences, 2021, 578(C): 166-180.

[55] KARVOUNARAKIS G, ALEXAKI S, CHRISTOPHIDES V, et al.RQL: a declarative query language for RDF[C]//Proceedings of the 11th International Conference on World Wide Web, 2002: 592-603.

[56] HURTADO C A, POULOVASSILIS A, WOOD P T.Query relaxation in RDF[J].Lecture notes in computer science, 2008, 4900(1): 31-61.

[57] MAILIS T, KOTIDIS Y, NIKOLOPOULOS V, et al.An efficient index for RDF query containment[C]//Proceedings of the 2019 International Conference on Management of Data, 2019: 1499-1516.

[58] JIA M H, ZHANG Y M, LI D S.QRDF: an efficient RDF graph processing system for fast query[J].Concurrency and computation: practice and experience, 2021, 33(24): 1-16.

[59] IZQUIERDO Y T, GARCÍA G M, MENENDEZ E, et al.Keyword search over schema-less RDF datasets by SPARQL query compilation[J].Information systems, 2021, 102: 101814.

[60] LI G F, YAN L, MA Z M.Pattern match query over fuzzy RDF graph[J]. Knowledge-based systems, 2019, 165: 460-473.

[61] LI G F, YAN L, MA Z M.An approach for approximate subgraph matching in fuzzy RDF graph[J].Fuzzy sets and systems, 2019, 376: 106-126.

[62] KANG X, ZHAO Y Y, YUAN P P, et al. Grace: an efficient parallel SPARQL query system over large-scale RDF data[C]//Proceedings of the 24th IEEE International Conference on Computer Supported Cooperative Work in Design, 2021: 769-774.

[63] SU Q X, HUANG Q R, WU N, et al.Distributed subgraph query for RDF graph data based on MapReduce[J].Computers and electrical engineering, 2022, 102: 108221.

[64] TAPPOLET J, BERNSTEIN A. Applied temporal RDF: efficient temporal querying of RDF data with SPARQL[C]//Proceedings of the 6th European Semantic Web Conference on the Semantic Web: Research and Applications, 2009: 308-332.

[65] ZHAO P, YAN L. A methodology for indexing temporal RDF data[J]. Journal of information science & engineering, 2019, 35(4): 923-934.

[66] YAN L, ZHAO P, MA Z M. Indexing temporal RDF graph[J]. Computing, 2019, 101(10): 1457-1488.

[67] VCELAK P, KRYL M, KLECKOVA J. SPARQL query-builder for medical temporal data[C]//Proceedings of the 11th International Congress on Image and Signal Processing, BioMedical Engineering and Informatics, 2018: 1-9.

[68] NIMKANJANA K, WITOSURAPOT S. A simple approach for enabling SPARQL-based temporal queries for media fragments[C]//Proceedings of the 2018 7th International Conference on Software and Computer Applications, 2018: 212-216.

[69] CHEKOL M W, PIRRÒ G, STUCKENSCHMIDT H. Fast interval joins for temporal SPARQL queries[C]//Proceedings of the 2019 World Wide Web Conference, 2019: 1148-1154.

[70] 黎海霞.基于查询计算的时态 RDF 关键词查询[J].湘南学院学报, 2022, 43(2): 28-34.

[71] LI H X. A new query method for the temporal RDF model RDFMT based on SPARQL[C]//Proceedings of the 2nd International Conference on Artificial Intelligence and Information Systems, 2021: 1-6.

[72] ZHAI X F, HUANG L, XIAO Z F. Geo-spatial query based on extended SPARQL[C]//Proceedings of the 18th International Conference on Geoinformatics, 2010: 1-4.

[73] 段红伟, 孟令奎, 黄长青, 等.面向 SPARQL 查询的地理语义空间索引构建方法[J].测绘学报, 2014, 43(2): 193-199.

[74] NIKOLAOU C, KOUBARAKIS M. Querying incomplete geospatial information in RDF[C]//Proceedings of the 13th International Symposium on

Spatial and Temporal Databases, 2013: 447-450.

[75] WU D, HOU C, XIAO E, et al. Semantic region retrieval from spatial RDF data[C]//Proceedings of the 25th International Conference on Database Systems for Advanced Applications, 2020: 415-431.

[76] CAI Z, KALAMATIANOS G, FAKAS G J, et al.Diversified spatial keyword search on RDF data[J].The VLDB journal, 2020, 29(5): 1171-1189.

[77] WANG D, ZOU L, ZHAO D Y.g^{st}-store: querying large spatiotemporal RDF graphs[J].Data and information management, 2017, 1(2): 84-103.

[78] SMEROS P, KOUBARAKIS M. Discovering spatial and temporal links among RDF data[C]//Proceedings of the 2016 WWW Workshop on Linked Data on the Web, 2016: 1-10.

[79] ZHANG Y P, XU F F.A SPARQL extension with spatial-temporal quantitative query[C]//Proceedings of the 13th IEEE Conference on Industrial Electronics and Applications, 2018: 554-559.

[80] DI X, WANG J, CHENG S, et al. Pattern match query for spatiotemporal RDF graph[C]//Proceedings of the 15th International Conference on Natural Computation, Fuzzy Systems and Knowledge Discovery, 2020: 532-539.

[81] WU D M, ZHOU H, SHI J M, et al.Top-k relevant semantic place retrieval on spatiotemporal RDF data[J].The VLDB journal, 2020, 29(4): 893-917.

[82] VLACHOU A, DOULKERIDIS C, GLENIS A, et al.Efficient spatio-temporal RDF query processing in large dynamic knowledge bases[C]//Proceedings of the 34th ACM/SIGAPP Symposium on Applied Computing, 2019: 439-447.

[83] LU J J, DI X F, BAI L Y.Approximate matching of spatiotemporal RDF data by path[C]//Proceedings of the 21st IEEE International Conference on Information Reuse and Integration for Data Science, 2020: 172-179.

[84] MENG X F, ZHU L, LI Q, et al.Spatiotemporal RDF data query based on subgraph matching[J]. ISPRS international journal of geo-information,

2021, 10(12): 832.

[85] NIKITOPOULOS P, VALCHOU A, DOULKERIDIS C, et al. DiStRDF: distributed spatio-temporal RDF queries on spark[C]//Proceedings of the 21st EDBT/ICDT Workshops, 2018: 125-132.

[86] BAI L Y, LU J J, WANG S D. Querying fuzzy spatiotemporal RDF data using R2RML mappings[C]//Proceedings of the 2020 IEEE International Conference on Fuzzy Systems, 2020: 1-8.

[87] BAI L Y, DI X F, ZHU L. Query relaxation of fuzzy spatiotemporal RDF data[J]. Applied intelligence, 2022, 52(11): 13195-13213.

[88] BAI L Y, LI N, LIU L S, et al. Querying multi-source heterogeneous fuzzy spatiotemporal data[J]. Journal of intelligent & fuzzy systems, 2021, 40(5): 1-12.

[89] ANTONIOU G, HARMELEN F V. A semantic web primer[M]. Cambridge: MIT Press, 2008.

[90] ALLEN J F. Maintaining knowledge about temporal intervals[J]. Communications of the ACM, 1983, 26(11): 832-843.

[91] BAI L Y, ZHU L, JIA W J. Determining topological relations of uncertain spatiotemporal data based on counter-clock-wisely directed triangle[J]. Applied intelligence, 2018, 48(9): 2527-2545.

[92] YAGO Dataset. Databases and information systems[EB/OL]. [2023-04-11]. https://paperswithcode.com/dataset/yago.

[93] LI F M, ZOU Z N. Subgraph matching on temporal graphs[J]. Information sciences, 2021, 578: 539-558.